Foundtion and Application of Interaction Design
交互设计基础与应用

朵雯娟　编著

化学工业出版社

·北京·

内容提要

本书作为交互设计基础理论与实践应用入门用书，通过两大部分共六章内容，深入浅出、生动直观地展开讲解。第一部分：基于设计思维的第1、2章内容，涵盖交互设计的原理、发展历程，交互行为类型，交互设计师的工作职能及必备特质，设计思维系统应用，低保真与高保真模型的设计方法，等等。第二部分：以交互设计应用技术为主的第3～6章内容，其中包括数字色彩构成、视觉界面（UI）设计，并以实际案例详细展示了移动端原型设计与应用、网页设计中的交互设计应用、虚拟现实（VR）与增强现实（AR）中的交互设计应用，包括Justinmind的功能与应用、Dreamweaver及其操作、Unity及其交互特效的应用。为了便于实践操作、高效学习，书中附有与案例配套的工程文件包，大家可登陆出版社官网http://www.cip.com.cn搜索本书，在图书页面点击"资源下载"，或在出版社官网最下端的"资源下载"中搜索、免费下载、使用。

本书适用于高等院校数字媒体艺术、数字媒体技术、新媒体设计、产品设计、工业设计、计算机应用等相关专业的师生，也可作为无交互设计基础的爱好者、入门人士的自学教程。

图书在版编目（CIP）数据

交互设计基础与应用/朵雯娟编著．—北京：化学工业出版社，2020.9（2024.9重印）
ISBN 978-7-122-37289-5

Ⅰ.①交…　Ⅱ.①朵…　Ⅲ.①人机界面-程序设计-教材　Ⅳ.①TP311.1

中国版本图书馆CIP数据核字（2020）第112557号

责任编辑：张　阳　　　　　　　　　　装帧设计：张　辉
责任校对：刘曦阳

出版发行：化学工业出版社（北京市东城区青年湖南街13号　邮政编码100011）
印　　装：北京缤索印刷有限公司
787mm×1092mm　1/16　印张10¾　字数282千字　2024年9月北京第1版第4次印刷

购书咨询：010-64518888　　　　　　　售后服务：010-64518899
网　　址：http://www.cip.com.cn
凡购买本书，如有缺损质量问题，本社销售中心负责调换。

定　　价：69.80元　　　　　　　　　　　　　　　　版权所有　违者必究

前言

设计的初衷是为了满足人的需求、提高生活品质，交互设计则在解决人们需求的同时考虑如何提升产品与用户的互动性，同时提高信息传递的效率及价值。不难发现，所有的设计专业及行业都需要考虑如何将交互行为融入其中。

这是一个快消的时代，同时也是一个竞争激烈的战场，用户很难长时间关注或钟情于某个产品。交互设计师的工作就是研究如何提升产品与用户之间的交互方式及行为逻辑，思考如何让用户轻松上手，且在降低学习性的同时正中目标客户的痛点问题。这将是产品在大量竞品中脱颖而出的前提，也是提高产品核心竞争力的手段。

在多年的教学过程中，笔者萌生了编著一本适用于交互设计初学者的入门书籍，于2018年正式开始筹划，并得到了同为数字媒体艺术及新媒体设计专业教师李耀辉和企业优秀设计师李云峰的大力支持。在编著过程中，我们力求能够运用多年的教学经验、资源积累，通俗的言语、生动的实例，帮助大家轻松踏入交互设计领域，快速成长为一名优秀的交互设计师。本书共6章内容，第1、2章分别带领大家初识交互设计，讲解交互设计的设计思维及系统应用，第3～6章通过实际案例讲解当下交互设计领域最常见的视觉艺术与界面（UI）设计，移动端原型设计与应用，网页中的交互设计应用，虚拟现实、增强现实中的交互设计应用。为便于大家实践操作、高效学习，书中配套了案例工程文件包，可登陆出版社官网http://www.cip.com.cn搜索本书，在图书页面点击"资源下载"，或在出版社官网最下端的"资源下载"中搜索、免费下载、使用。

本书由云南经济管理学院朵雯娟老师编著。云南艺术学院李耀辉老师提供界面（UI）设计、移动端原型设计与应用、网页设计中的交互设计应用的案例，Unity高级特效师李云峰老师提供虚拟现实（VR）与增强现实（AR）的交互设计应用的案例，云南艺术学院杨雪果老师作为技术顾问在本书的设计思路及数字色彩技术方面提供了帮助，化学工业出版社张阳老师在写作过程中给予耐心且细心的协助，在此一并表示感谢！

希望本书能够为广大读者打开交互设计学习的大门，奠定良好的交互设计基础。如果本书对大家在未来的交互设计实践中有所助益，我们将深感荣幸。

限于笔者的学识及编著时间的仓促，书中难免有疏漏之处，敬请教育界、设计界专家同行及广大读者不吝赐教！

朵雯娟

2020年6月于昆明

目录

**第1章
初识交互设计**

**第2章
交互设计的设计
思维及系统应用**

目录

目录

参考文献

初识交互设计　第1章

1.1 什么是交互，什么是交互设计

　　"交互"（Interaction）的直译是互相作用与互动，最早出自《京氏易传·震》"震：分阴阳，交互用事"。简单来说，交互是A与B的一系列连锁反应，其中包括行为、动作及表达方式。"A"与"B"可以是人、物、环境、产品或系统，所以"交互"即"交流互动"的连锁行为。在学习交互设计之前，我们要先了解"交互"的广义及狭义是什么。广义的"交互"是人或物与环境直接的互动关系，它可以融入人类生产、生活的各个领域。而狭义的交互则可以理解为基于互联网的某功能性的交互方式，为用户提供一系列互动性的交流、服务及满足其需求的途径。简而言之，交互正如美国凯斯西储大学首席教授、卡内基梅隆大学前设计学院院长Richard Buchanan（理查德·布坎南）所说，"通过产品的媒介作用来创造和支持人的行为"。

　　这里用一个最通俗的案例来解释什么是交互，比如用麦当劳的自助点餐系统进行点餐：① 自助点餐开始→② 触屏点餐→③ 选择、添加搭配套餐→④ 确定下单后显示二维码（可选择支付宝或微信付款）→⑤ 付款后取票候餐。"交互"就是这一系列建立在人与机器之间的对话行为（图1-1-1）。人与机之间对话的步骤越少则交互体验越舒适，简单来说"能一步解决绝不用两步"。

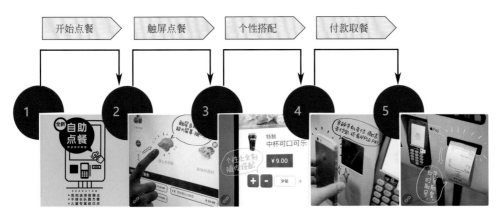

⬆ 图1-1-1　麦当劳自助点餐系统的交互行为

交互设计是为了更好地满足并服务"对象"的一系列探索、设想及计划的过程，它定义了两个或多个互动个体之间的交流内容、形式及结构，最终达成某种共性的结果。为什么是"对象"而不是用户呢？事实上交互面向的"对象"不一定是人，也可能是产品、系统或服务。交互设计虽然关注的是形态，但最重要的是如何设计行为，由于是"以人为本"开展的设计工作，所以，可以将"交互设计"专业看作人文社科的交叉性学科。交互设计所涉及交叉的学科主要有：人体工程学、心理学、组织行为学、文化人类学、认知科学、信息学、工程学、计算机科学、软件工程、社会学、语言学、美学、设计学、图形学、符号学、产品设计等专业学科。适用的行业也非常之广，如广告业、产品设计行业、软硬件开发业、电影产业、服务业等，几乎所有和人有关的行业都需要考虑如何"交互"这个问题。

交互设计可以理解为如何"设想与计划"出"交流且互动"的一系列对话行为，交互设计工作有一系列严谨且实用的工作流程，交互设计师也将会涉足各个阶段的专业工作中。如图1-1-2所示，黄色部分是交互设计师将涉及的工作范畴。在接下来的学习中我们会从原则、模式、设计过程和实用工具等方面进行深入讲解，为初学交互设计的你解析数字媒体专业背景下交互设计应该必备的专业素养及应用技能。

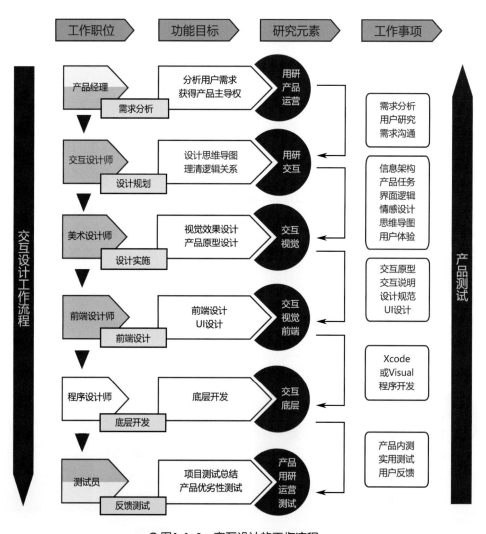

○ 图1-1-2　交互设计的工作流程

1.2 交互设计的发展历程

了解交互设计的发展历程有利于洞悉其原理及本质。交互设计的发展与计算机技术的变革有着直接的关系，我们将其大致分为四个重要阶段（图1-2-1）。

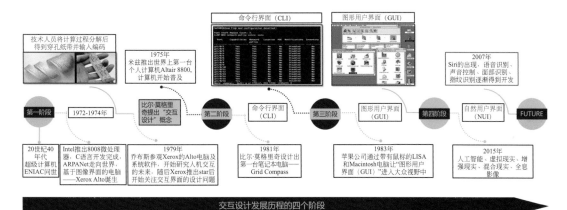

○图1-2-1　交互设计的工作流程

第一个阶段——萌芽期：20世纪40年代中期第一台超级计算机ENIAC的问世，作为划时代的成就标志着计算机的时代到来。ENIAC具有强大的计算能力，但操作过于复杂且成本很高，很少有人能够触及，然后随着时代的推移，70年代计算机开始普及，出现的个人计算机逐渐面向普通消费者及非专业人士，但困扰人们的问题依然存在，计算机的繁杂且极其无人性化的操作让很多人望而却步，于是开始有一群聪明有远见的工程师、设计师开始着手思考如何减轻人类在计算机操作过程中的负担。不久一篇关于"人机交互"的文章出现，主要观点是人机交互的研究目的是使人和计算机的沟通更简单、直接且舒适，此后越来越多的人站在大众消费者角度去思考人机交流界面的实用简易性。

第二个阶段——创立期：1975年世界上第一台个人计算机的出现，让计算机进入诸多企业及家庭中。这时一个在设计界举足轻重的人物Bill Moggridge（比尔·莫格里奇）提出了"交互设计"的概念，从此"交互设计"作为新兴学科在美国开花结果。比尔·莫格里奇联合David M.Kelley（大卫·M.凯利）、Mike Nutto（麦克·纳托）一起创办了全球顶尖的IEDO设计咨询公司，提出影响巨大的"设计思维"及其方法论。"设计思维"是学习交互设计的特殊方式，本书第2章将进行详细介绍。这时计算机的界面还停留在CLI（Command-Line Interface，命令行界面）。现在，我们打开电脑，如果看到图1-2-1上"命令行界面"的字符用户界面，或许会认为电脑出故障了，但这就是上个世纪所有计算机的基础界面，这也意味着使用者需要有一定数学及编程语言能力。此时的人机"交互"可称得上只针对少数人，这妨碍了计算机的普及。

第三个阶段——成长期：1981年比尔·莫格里奇设计出第一台笔记本电脑，这是人机"交互"领域的一座里程碑。随后乔布斯也为此做出了巨大的推进工作。1979年，乔布斯参观施乐公司（Xerox）开发的Alto电脑及其系统后，已经意识到计算机交互界面的设计及交互行为的重要性，从而开始招兵买马地大力开发相关项目，终于在1983年推出了带有鼠标的LISA电脑，随后紧跟着第一台Macintosh电脑诞生，从此GUI（Graphical User Interface，图形用户界面）进入大众视野。这一革新直至今日依然影响着交互设计行业。本书第3章关于视觉艺术与界面（UI）设计，将会对此做详细介绍。

第四个阶段——发展期：GUI的出现大大便捷了设计师及工程师对各行各业中人机交互的设计。越来越多的设计师、工程师开始考虑如何让人类和机器之间的对话及行为更便捷，数字媒体艺术及技术、交互设计、产品设计、工业设计及视觉传达等专业在这个软硬件大规模开发的时代下诞生了。交互设计的第四次革命没有明确的界限，但2007年苹果公司推出了Siri系统，让语音识别、面部识别及声控等技术成为人类的日常，这一系列人性化的交互设计称为NUI（自然用户界面）。随之而来的虚拟现实、增强现实、混合现实等交互性更强的体验充斥着全球人类的娱乐生活。只要有人和需求存在，交互设计就不会出现衰落，而未来我们将迎来成熟期，接着再到调整期，这会让交互行为更好地服务于人的需求。

🄓 交互设计及交互行为的类型、要素及特点

交互设计的对象可以是"人与物"、"人与人"、"物与物"及"人与系统"等，根据不同的目标任务，大致可分为：反应式交互（Reflective）、响应式交互（Responsive）、教导式交互（Instructional）、控制式交互（Manipulative）和探索式交互（Exploration）。如果从用户体验角度看，可分为多种感官交互、虚实沉浸交互、多维时空交互、多元体验交互。

交互行为分为五个基本要素：人、动作（行为）、工具（媒介）、场景（环境）、目的。这五个基本要素定义了在一个新的交互设计过程中，往往需要从"确定的参与者""定位行为的动机""规划行为的过程""寻求的具体手段""营造的适宜场景"等角度入手。

在交互演化过程中，一直以"人"为核心，研究人的情绪、感受、行为以及需求是交互演化的动力，所以，交互设计的特点主要有"以人为本"、"以目标为导向设计"、"尊重行为规律且放大细节"及"无意识设计"。本书随后将会对这四个主要特点分别进行详细讲解。

🄔 最好的交互源于生活的体验

前文介绍过，交互设计服务于很多行业，然而，很多时候非常"聪明体贴"的交互行为并非是由专业人士设计的，很多灵感都源于对生活细节的体验与观察，所以"人人都可以设计交互"。

IDEO的CEO Tim Brown（蒂姆·布朗）在TED的一次演讲中说："只有当把'设计'从设计师的手中抽离，放到每一个人手上的时候，设计的价值才会最大化。"举个例子，进入欧洲文艺小店特别是古董店，会发现都设有一串风铃和几乎陈旧的木门（图1-4-1）。在开门的一瞬间，当陈旧的木门发出咯吱声的同时风铃声响起。这在心理学上是一种声音暗示，"丁零"与"咯吱"声阻隔了前一秒的喧哗或寂静，给客户带来一种沉浸式暗示，使整个人平静且进入另一个状态，起初那种充满"猎奇、憧憬

◎ 图1-4-1　生活中潜移默化的交互心理暗示

及享受"的感受会逐渐转变为购买欲，这是店家与客户的一种交互行为。如果我们仔细观察，这类交互行为事实上有很多。

1.4.1　生活中贴心的交互设计产品

设计可以分为两种：一种是从人的需求出发的"从无到有"的设计，另一种是在原有基础上"改良优化"的设计。"设计"之所以存在，是因为人们有某种潜在的需求没有得到满足，如电话的设计针对的是人们对远方亲人的思念，而一些功能性产品的设计和开发则是为了带给人们更加便捷舒适的使用体验等。所以，设计的源头是"对潜在需求的洞察"，设计的产出是"有形的或无形的解决方案"。无印良品的产品往往都有一种"无意识设计"的设计感在其中。日本著名的产品设计师深泽直人提出，"无意识设计"是"将无意识的行为转化为可见之物"。他主张用最少的元素来展示产品的全部功能。设计是为了满足人们的一种生活需求，而非改变，因此，好的设计必须以人为本，注重人的生活细节及使用习惯。好的交互设计与之如出一辙，它们都存在于人们的使用习惯中，却又高于人们的习惯。这种"无意识设计"并非真的没意识地去设计，而是在人们还没意识到自己到底需要什么的时候，洞察他们的情绪、感知及行为细节，将这些细节放大后注入产品中，与客户无形地进行交流并引导互动。

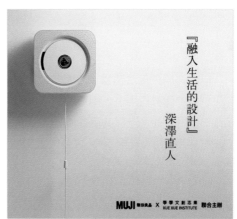

『融入生活的设计』

深澤直人

图1-4-2中这款看似是排气扇的CD播放机，与同类型产品最大的区别在于它的开关是拉绳式的。这个小小的举动看似是无心之举，实则用心良苦。相信大多数70、80年代出生的人对拉绳式开关的日光灯并不陌生。年少时，寒冷的冬天天黑得特别早，回到家伸手拉灯时的那声"咔嗒"开启了一家人温暖的晚餐，再一次的"咔嗒"声则关闭了温暖被窝外的寒冷，这样的生活习惯直至今日日本人还在延续，而现在拽动这款CD机时，用户拉开的则是美妙的音乐，这种温暖的细节无疑是一次贴心的交互对话。

⬆ 图1-4-2　无印良品壁挂式CD机

1.4.2　从"能用就好"到"必须好用"

从交互系统的使用上来讲，可以将交互设计分为"能用""好用""爱用"三个层级。一款"能用"的交互产品，单纯以实现产品功能为目的，缺乏用户使用过程中的体验优化，用户通常只在特定的需求下使用；一款"好用"的交互产品，开发团队应当深入用户使用场景，减少用户思考，减少用户选择，减少用户操作，让用户在使用过程中无学习成本，操作线性化且符合用户既定的认知；至于"爱用"的交互产品，需时时与用户联系，能够不断刺激用户，与之产生黏度，培养用户的产品使用习惯，换而言之，"爱用"的交互产品会让用户"上瘾"。

"能用"的产品是产品策略层的考虑和技术的实现；从"能用"的产品到"好用"的产品是交互设计介入的结果，是建立在用户体验上的深入思考；而从"好用"的产品到"爱用"的产品则有了产品运营的介入，凭借优质的服务与及时的响应来提升用户的信任度，加之大数据和人工智能技术的升级，满足"千人千面"的需求，能够更好地提升用户喜感，从而吸引用户，留住用户。

三星在2013年3月14日发布的"三星Galaxy S4"手机（图1-4-3），独创性地加入了"眼球滚动"和"智能暂停"功能。眼球滚动是指当手机前置摄像头检测到用户眼睛在看着屏幕下方的时候，手机将自动翻页。而智能暂停是指在视频播放的时候，当用户眼睛离开屏幕时，手机将暂停视频播放，当眼睛移回屏幕时又将继续播放视频。从交互设计上来讲，这是移动终端全新交互方式的一次应用，但从用户体验上来讲，这是一次糟糕的尝试，受限于传感器的识别度与灵敏度，导致整个体验过程异常滞后，且经常产生误操作，因而用户基本上选择关掉这一功能。

⬙图1-4-3　三星Galaxy S4眼球滚动功能

以前，用户无法选择，为了实现功能只能向体验妥协。随着硬件市场与软件市场的飞速发展，越来越多的优秀应用进入用户的生产生活中，用户所追求的也不再是产品功能的实现，用户体验成了用户选择、使用产品的重要依据。开发团队在设计交互产品时，要能在功能实现与产品体验上找到很好的平衡，如若不然，将会大大影响用户喜感，导致的结果是需要花更大的精力和时间挽回用户。

1.4.3　从物理逻辑到行为逻辑

"物理逻辑"是"强调物的自身属性合理配置的决策依据"，而"行为逻辑"则是"合理组织行为作为决策依据"❶。"物理逻辑"和"行为逻辑"是交互设计的两种思考方向。"行为逻辑"的本质是让我们将精力放在用户的动机和行为上，通过思考触发行为的媒介与场景，来引导交互系统的设计。

交互设计中需要把"物"当作实现行为的媒介，通过行为来判断交互设计的方向正确与否。柳冠中先生如此分析过设计："假如要设计一个水杯，再怎么换造型、换材料，再好看，它还是一个水杯。但真正要解决的其实是解渴问题，那就未必一定要用水杯，只要能喝水，吸管、奶瓶照样可以。你走在马路上解渴、走在沙漠中解渴，哪怕是泉水，用手捧着喝也是解渴，没有杯子照样能喝水。"这就是行为逻辑。

2013年3月，锤子智能手机操作系统（Smartisan OS）正式发布，其系统做了非常多的人性化设计，其中最让笔者感到眼前一亮的是"通讯录"功能（图1-4-4）。从功能机时代起，我们的手机通讯录的更新迭代仅仅是展示效果的优化，其根本设计逻辑还是"物理逻辑"，按照名字拼音首字母A到Z的顺序排列。Smartisan OS的通讯录设计改用"行为逻辑"，在传统排列方式的基础

❶ 辛向阳.交互设计：从物理逻辑到行为逻辑[J].装饰.2015（01）：53-62.

上，加入了地点、频率、添加时间三种排列方式。虽然两种设计都是为了实现快速检索，但是设计的思路却完全不同，Smartisan OS以人的行为、目的和习惯来规划行为过程，遵循的是行为逻辑，设计团队也尽可能地考虑多种用户需求，最大限度地把信息合理地呈现给了它的用户群体。

● 图1-4-4　Smartisan OS通讯录

1.4.4　用户对交互系统的期望

优质的交互系统一定是满足用户期望的，然而用户期望通常是无限大的，用户在使用交互系统时，往往希望能像与人交流一样与系统交流，最好这个系统还能像自己的亲人一样懂自己。受限于技术，现在我们并没有办法设计出完全符合用户期望的交互系统，所以很大程度上需要限定用户期望，要明确地告知用户该系统可以做什么，以此降低用户期望，避免用户因期望无法满足而产生失落感。

以语音交互系统为例，近几年语音交互系统一直是交互设计的一个重要方向。自Siri推出之后，更是将其推向了一个高点，用户觉得终于可以像与人聊天一样来控制手机了，一时间语音交互成为一个重要卖点，各大厂商争相效仿。但语音系统不应只满足于使人们可以和手机进行对话，更重要的是要有人性化的交互，那么听懂指令及人性化的服务，就成了语音系统的核心竞争力。辛向阳教授曾提出，服务设计的定位理论应该是"附加价值"→"核心主题"→"效率"→"意义"。交互设计决策内容的本质是基于行为逻辑的"不同的链接方式和不同结果之间的因果关联性"，而这种因果关系反映在交互产品上就是产品信息架构或用户行为路径，也即用户执行任务时的流程、方式方法和工具手段的选择。

语音系统的兴起使得"小爱同学""小度""小艺"纷纷上线，但对各品牌测评体验后会发现或多或少都有令人不太满意的地方。比如华为"小艺"语音系统，确实在语音交互系统上下足了功夫，和Siri相比，同样让它讲一个笑话，当用户想换一个笑话时，会发现Siri在播报时无法直接被打断，用户必须等它播报完再重新唤醒它，或者在它播报时手动去点一下才能让它播报另一个。也就是说，Siri不支持"随时打断"和"随时终止"。当用户询问"小艺"明天的天气时，只要第一次给出了"地点信息"（比如武汉），那么再次询问"后天天气"时，就无需重新说地点。当得知明天天气良好时，可以直接让小艺拨通朋友电话，约定明天一起逛街。因此华为语音助手支持"上下文关联"和"跨场景打断"。显然，华为"小艺"更"聪明"一些。它可以随时被打断、随时终止，就像朋友之间的对话那样顺畅；它可以在不同的应用场景下实现无缝流转与疾速切换；同时它支持拖音和快速响应，给用户的总体感受就是"一次唤醒，自然流畅"（图1-4-5）。

● 图1-4-5　华为与苹果语音识别系统对比图

但"小艺"在语音识别系统方面还存在一定的问题，比如，利用语音系统设置闹铃时，当用户发出"小艺小艺,10：30叫我一次,10：40再叫我一次"的指令时，"小艺"则只能满足一半指令，也就是为用户创建一个10：30的闹钟，但用户期望的是"小艺"为其创建两个闹钟，这确实让用户的期望值下降不少。所以设计交互行为时，往往应该更多地去洞察用户的行为习惯，并将产品功能放大且做细，这能不断给用户带来"惊喜"，让其越来越爱你的产品。

在满足用户的期望值及带给用户"惊喜"方面不得不提的是"微信"。打开"微信"后，用户的感受就是简单明了。"微信"设计团队将"微信"中许多功能都"藏"了起来，这样的设计让用户觉得"微信"就是一款免费的短信工具。随着用户的深入使用，会发现微信上可用的功能远远不止于免费短信。随着更多功能的被发现，不断地给用户带来惊喜，这也是"微信"取得巨大成功的原因之一。

1.4.5　交互产品"体验感"越来越趋同究竟是好还是坏呢?

相信很多人都有这样的感受：产品越来越趋同？！不需要教程，我们就能通用数款同类型App。很多人不禁会提出疑问："为什么返回按钮要设在左上角""为什么标签栏都是五个按钮""为什么所有的搜索框都是一个样子""为什么登录界面总是惊人的相似"等。为什么那么多相似的产品存在，却还是要不断地开发同类型产品呢？让我们用两款受众面较广且非常受欢迎的短视频App——"快手"与"抖音"来分析一下在信息时代该如何定义同类型产品的趋同性。

进入两款应用的首页（图1-4-6），"快手"界面设计用视频缩略图形式呈现，将更多的内容呈现给用户，给用户以内容选择空间。其基本操作流程，从"首页"到"选择视频"再到"评论区"最后返回"首页"需要5步（图1-4-7）。在交互设计上注重用户选择，尊重用户的主观意识。

⊙图1-4-6 "快手"与"抖音"的首页界面

⊙图1-4-7 "快手"的操作流程

　　"抖音"先进行随机播放，再用大数据分析，收集用户的兴趣权重，根据权重展开随机播放，所以首页以播放页面为呈现方式，用户通过上下滑动来切换视频，这样的设计减少了用户的自主选择，希望用户可以直接消费内容（图1-4-8），从"首页"到"选择视频"再到"评论区"最后返回"首页"，大概需要4步。虽然二者都有"左右滑动"，但"抖音"向"左滑"后无需再次选择，只需继续"上下滑动"观看所关注者的视频。"抖音"更多的是让客户更轻松地享受这一过程，"不喜欢就划走，喜欢它则多留会"。从这个细节上看，"抖音"比"快手"更聪明地利用了"无意识"设计，既然是娱乐App，就应该让用户无需"过脑"地开心使用。

🔵 图1-4-8　抖音的操作流程

　　通过对比测试，我们看到"快手"的操作相对烦琐些，在切换视频时需要进行两步操作，并且观看其他视频时，需要用户再次"选择"。据统计，该操作中如果用户希望持续浏览视频，大概需要花1～2s的时间进行重复操作。从这一细节上看，"抖音"的设计更为人性化且更讨好用户。

　　"快手"开发团队很快也发现了这个问题，随后在新版本中加入了大屏模式，导致用户在使用"快手"的过程中感觉其与"抖音"越来越像。这就是我们常常看到的产品"趋同化"现象。但我们仔细思考一下，如果发现问题而不去改进，产品要如何进步呢？事实上，这种现象更像是一种优胜劣汰，通过真正的用户反馈得到一种最优的设计选择，从而形成一种行业"标准"。这种"标准"在非重大革新下都是产品设计的最佳选择。所以，对于"趋同化"这个问题，我们应该辩证地去看待，不要轻易给产品扣上"产品趋同"的帽子。更多的时候，我们只是看到了产品的表层，很少分析一款产品的内在，抛开那些粗制滥造的产品，绝大多数的产品都是有一颗独立自主的灵魂的，在产品定位上都有着或多或少的"差异化"特质。还是以"抖音"与"快手"为例，"快手"的灵魂是降低用户门槛，吸引草根，让人人参与其中，展现大众生活；"抖音"的灵魂则是热度营销，制作门槛稍高，更吸引年轻人，产品运营策略也有所不同。

　　"趋同化"除了可以形成一定的"标准"外，还可以更好地培养"用户习惯"，使得用户通过对产品的使用渐渐地形成一种意识，从而更加清楚产品的使用流程。这样的"趋同化"是良性的，是一种"标准化"的现象，也是经验。当这些既定的标准成为共识，且被用户所习惯，我们就可以直接拿来使用，而不是每次设计产品时都要再进行一次次探索。这样的高效与高质量也正是企业所需要的。当然，所有的问题都需要辩证地思考，如果所有的产品都遵照"趋同化"得到的"标准"来执行，慎于探索，不敢向前迈步，那将是一种固步自封，交互设计领域亦会鲜有进步。

1.5　交互设计师在团队中的角色

1.5.1　交互设计师在团队中的工作及专业能力

　　当你逐渐熟知交互设计的工作后会发现，越来越多不属于设计的工作也需要逐渐去学习，比如营销策略、市场调研等商科类知识。这就是为什么我们常常看到产品经理会过多地介入交互设计师的工作，甚至有的团队直接让产品经理来做交互设计的工作。

实际上，在互联网发展的早期，这确实是同一个人的工作。产品经理的职能之一就是支持和协助部署交互设计方案，以确保产品方案的可行性。随着互联网技术的成熟和行业职位的细分，交互设计师被细分出来专门设计产品的交互方案。如图1-5-1所示，可以看到交互设计师的工作及所涉及的范畴大致有哪些。

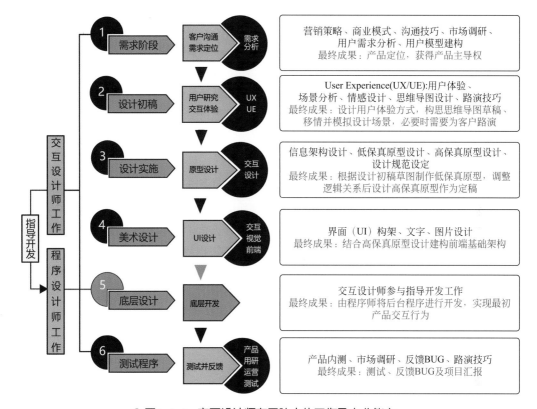

○ 图1-5-1　交互设计师在团队中的工作及专业能力

我们大概可以将交互设计工作分为六个阶段："需求阶段"（客户需求探索阶段）→"设计初稿"（设计策划初稿阶段）→"设计实施"（原型设计）→"美术设计"（UI设计）→"底层设计"（后台程序开发）→"测试程序"（市场调研及产品测试）。交互设计师在其中起到重要的指导开发作用。

首先，需求阶段包括营销策略、商业模式、沟通技巧、市场调研、用户需求分析、用户模型建构，最终确定产品定位、获得产品主导权；其次，根据产品定位进行用户研究及交互体验，主要包括用户体验、场景分析、情感设计、思维导图设计、路演技巧，最终成果主要是设计用户体验方式、构思思维导图草稿、移情并模拟设计场景，必要时需要为客户路演；接下来，由设计师进行原型设计，包括信息架构设计、低保真原型设计、高保真原型设计、设计规范设定，最终成果是根据设计草图制作低保真原型，调整逻辑关系后设计高保真原型作为定稿；然后，根据原型设计进行美术设计，例如界面（UI）构架、文字、图片设计，最终结合高保真原型设计建构前端基础架构；接下来的工作就不是交互设计师可以胜任的了，但也需要交互设计师从中进行指导和监督，具体而言，程序师开发后台程序，实现最初的产品交互行为，交互设计师根据用户体验需求对交互行为进行设计；最后则是测试阶段，主要包括产品内测、市场调研、反馈BUG、路演技巧等，最终以测试、反馈BUG及项目汇报等作为成果，具体的操作会在第2、3章进行详细介绍。

1.5.2 优秀交互设计师必备的特质、思维及意识

（1）交互设计师必备的特质

许多人都认为设计师的思维方式和大多数人不一样。曾几何时，设计就是独特和审美的代名词，包豪斯的设计美学更是在现代工业设计领域影响了一代人。设计发展到今天，人们对于"美"的理解和表达不断地深化和扩展，审美情趣也不断发生变化。而随着技术的发展，艺术和科技又在更广泛的层面融合，比如对交互行为设计的要求不再只停留在"能用就行"上。在追求审美的道路上，人类提出了恰到好处的需求，而且越来越注重附加价值。这也意味着对交互设计师的要求会越来越高。

一个优秀的交互设计师首先要具备四个特质：永远不停止的好奇心、感同身受的同理心、无限创新的创造力及逻辑清晰的设计思维。

1）永远不停止的好奇心

好奇心是一个设计师应该具备的首要特质，我们都熟知的列奥纳多·达芬奇就是其中的佼佼者。这位让乔布斯和比尔·盖茨为之折服的"跨界创新奇才"，是文艺复兴时期伟大的发明家，同时在地理学、地质学、生物学、哲学、艺术、文学和音乐方面，都有极高的造诣。这位影响了世界500多年的发明家其天才之处正在于那些我们也可以通过自我训练而获得的特质——热切的好奇心。我们听了无数次诸如"存在即合理"之类的话语，环顾四周，所有事物的产生看似都挺合理的，于是就很容易陷入"司空见惯""习以为常"甚至"视而不见"的状态，也极少会充满好奇地用全新的眼光去审视和思考周围的环境。达芬奇的人生提醒作为设计师的我们：要不止于吸收知识，更要去质疑，要充满想象力，敢于不同凡"想"，就像任何时代的异类天才和创新者一样，去开发自己未知的潜能。

2）感同身受的同理心

什么是同理心（Empathy）？同理心是进行"设计思维"实践的基础，也是探寻人需求的重要方法。"寻找人的需求"（Need Finding）在斯坦福大学发展成单独的一门课程，可见其被重视的程度。同理心是由人本主义创始人卡尔·罗杰斯提出的概念，也称为同感心，这种能力通常被称为共情能力。同理心是最重要的思维工具。在面对问题时，它引导人们不要急于马上寻找方案，而要先找到真正的问题所在。交互设计师如何对用户进行共情呢？主要有三方面：① 交互设计师通过观察用户的言行，深入对方内心去体验他的情感、思维；② 交互设计师借助于知识和经验，把握用户的体验与他的经历和人格之间的联系，更好地理解问题的实质；③ 交互设计师运用咨询技巧，把自己的共情传递给对方，以影响对方并取得反馈。需要注意的是，共情是需要理性的，设计师不能代替当事人做感性判断，应在洞察周围环境中存在的硬软件条件及所导致的用户心理状态下进行共情，这个环节通常在寻找用户"痛点"时使用。我们会在本书第2章交互设计的设计思维及系统应用中进行详细介绍。

作为交互设计师，应该通过代入式的体验来理解一个人或者一群人的主观经历，站在对方的角度去理解其想法和行为，从而深刻理解用户，保证设计的客观性。其实，设计师完全可以不局限于一种解决方法，而从人的需求出发，多角度地寻求创新，最后再凝练成为真正的解决方案，创造更多可能。而且交互设计不只是针对产品，也可能会在服务方式中进行。那么，怎么利用同理心去找

生活中的痛点问题呢？这里以倩碧（Clinique）手环为例进行说明（图1-5-2）。

怎么利用同理心去找生活的痛点？

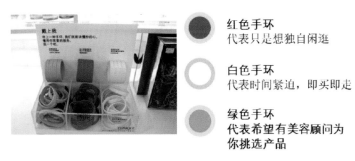

红色手环
代表只是想独自闲逛

白色手环
代表时间紧迫，即买即走

绿色手环
代表希望有美容顾问为
你挑选产品

◎图1-5-2　倩碧手环

大多数女性应该有这样一种体验：在商场闲逛时特别厌烦导购无休无止地为你推荐产品，当你不耐烦地打发走导购后，又会尴尬地需要他们的服务。倩碧（Clinique）很巧妙地找到了这个痛点，利用简单的"三色手环"化解了客户与导购之间的这一尴尬问题。当客户进入商场时，可以根据自己的心理状态及需求进行选择，即使一开始选择了红色手环，也可以在购物过程中向导购咨询。这看似无关紧要的服务恰恰体现出倩碧公司对细节及价值分层的注重。这样的案例还有很多。这些都是再平凡不过的生活细节，如果足够用心，你就会发现它，如果能感同身受地去探索问题并合理解决，你就能提升一个产品或品牌的附加值。

（2）交互设计师必备的思维

1）无限开拓的创新思维

创新思维是创造力的前提，也是交互设计师应具备的非常重要的一种思维。创新思维并不能靠坐在桌前单纯地去想象，它往往会受我们个人认知的影响，比如会受到所见所闻、知识阅历、环境及所接触人及事等的影响。创新可以理解为创造、改变、更新、跨界、超常甚至反常。诺贝尔化学奖得主莱纳斯·鲍林曾说，获得好点子的最好办法就是有很多点子，首先追求创意的数量，其次才是质量。大量流出的点子是解决问题的起点。点子的数量越多、跨度越大，有效的创意方案才越有可能出现。在这里，我们提倡推迟判断、暂缓决策，即暂时不作评价，包容并呈现所有分歧，即便疯狂而独特的想法也是值得提倡的。

下面，我们来做个头脑风暴游戏，看看你的创新意识到底有多强？请仔细看图1-5-3。

头脑风暴一：

问题：你能有多少种方法将管子里的乒乓球取出来？

前提条件是：① 不能够破坏管子与乒乓球；② 管子固定于地面上；③ 乒乓球直径小于管口。

大多数人常规的反馈是：① 往管子里面吹气；② 向管子里面加水（或其他液体）；③ 拿筷子夹上来；④ 让手小的小朋友去拿；⑤ 挖地把整个管子取出来；⑥ 用一

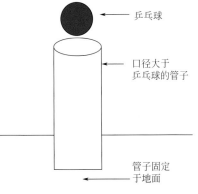

乒乓球

口径大于
乒乓球的管子

管子固定
于地面

◎图1-5-3　头脑风暴游戏

把合适的勺子捞出，或者用筷子夹出；⑦ 敲击管子，使之震动，也许会把乒乓球震上来；⑧ 可以在筷子上沾上口香糖，把乒乓球粘起来；⑨ 把地面破坏之后，将整个管子取出来，倒出乒乓球；⑩ 用章鱼吸盘吸出来。

而特别有趣且敢想的方案是：① 制造反重力空间，让乒乓球自己飘起来；② 利用虫洞进行空间错位，将其取出来；③ 从地面打洞至地球另一端，再将其取出；④ 种一颗种子，等它发芽长高将乒乓球顶出来；⑤ 研究出漫威蚁人，变小后将乒乓球抬出来。这些看似天马行空的想法虽然并不一定都能实现，但也给科学和设计带来了新的方向及目标，且在大胆的创想时也确实将三个前提条件考虑了进去，这就是超常的创新思维。需要注意的是，并不是所有的创新思维带来的产物都能够实现，这就涉及下一个重要的思维——设计思维。

2）逻辑清晰的设计思维

创新思维与设计思维总是被人们认为是设计师才用得着的能力，或者说才需要的能力。事实上，不管身处何种行业，都不难发现人与人直接的核心竞争就是这两个思维能力。有创新思维的人思维活跃，总是能给工作带来有趣的idea，同事很乐意与其沟通交换想法，因为idea从来都是碰撞出来的。但要注意的是，如果只有活跃的思维，而无有条理性的表达能力以及分析能力，会让人觉得这样的人不靠谱，所以，拥有创新思维且必备设计思维的人会更容易在生活、职场中获得认可。有意思的是，这两种思维是可以通过锻炼去增强的，有人天生必备这样的能力，但不代表大多数平凡的人不能有意识地去开拓。本书会介绍很多相关的方法，长期主动地实践，会增进你的创新思维和设计思维。

交互设计活动对这两种思维的要求就更高了。交互设计师要学会将其合理且有效地结合起来，去解决设计过程中存在的一系列问题，而且设计思维实践中会有非常多的工具帮助你激发自己的创造力。创新思维和设计思维虽然是两种思维方式，但它们是相辅相成的。我们利用一个头脑风暴小游戏去理解创新思维和设计思维的联系到底是什么，以及如何利用设计思维开拓我们的创新思维。

头脑风暴二：

问题一：如果让你设计一个装水的杯子，你会考虑哪些设计要素？或者说应考虑到哪些元素会影响你的设计？获得的反馈如图1-5-4所示。

材质、容量、成本、颜色、造型、装饰、用户、场景、人体工程学

⭕图1-5-4 设计杯子所涉及的元素

很多人会根据杯子的属性开展一系列的思考，从杯子的材质、容量、颜色、造型、成本、外部装饰要素等角度开始设计，而稍有创意和思维深度的设计师则会从用户使用场景、营销策划及人体工程学方面开始思考，尽可能设计得有趣味且符合人们的某种审美需求，例如星巴克推出的爆款猫

爪杯。值得思考的是，这款杯子的成功之处是在于设计吗，还是在于营销呢？这就是设计中的价值分层问题。

问题二：如果现在让你设计的是一个装水的容器呢？又有哪些元素会影响你的设计？图1-5-5所示为设计装水容器所涉及的元素。

◆图1-5-5 设计装水容器所涉及的元素

人的思维是有惯性的。这次的问题是装水的容器，如果不看上图中所提示的容器类型，大多数人会因为刚回答了关于设计"杯子"的那个问题而依然考虑可以装水且实用的某种器皿，如图中所考虑的碗、瓢、水桶、锅、水缸，当然思维也会慢慢放开，开始出现湖、大海甚至大坝，但这依然不够，思维还是禁锢在某种特定的范畴中。思考一下，"人类"是不是也是一个装水的容器呢？以此类推后会给出地球、云甚至水果、蔬菜的答案，可以发现，我们都不再限制于"水"这个概念或是某个具体容器的外形，而开始深入思考这种容器是否可以以另一种形态出现。这时候创新思维就开始展开了。

在你看来，以上两个问题所获得的答案哪个更有趣、更有创新或开放性更高呢？显然你心里已经有答案了。我们跳出这两个问题所获得的答案，去反思前两个问题的联系性，不难发现它们是包容及被包容的关系，而最大的差别在于第一个问题被"杯子"这个条件限制住了，我们跳不出"杯子"这个概念，而第二个问题中"容器"的这个限制则放开了很多。如果我们继续放开限制呢？请看第三个头脑风暴问题。

问题三：如果让你设计的是一种使用水的方式呢？你能想到什么？大多数人由此能想到的元素大概会有空间、材料、使用方式、载体或与水有关系的装置、用户群体及人体工程学，等等（图1-5-6）。

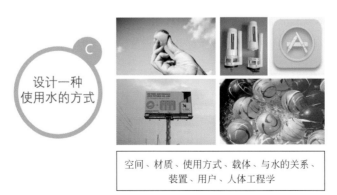

◆图1-5-6 设计使用水的方式

连续回答了两个问题之后，第三个问题的答案似乎开始不受控制了，很多初学者在这里开始放飞自己的思维，这就是创新思维的开始。如图中所考虑的元素，可以得到这样的答案：一款使用水的App、装满水的气球、饮水机、隐形眼药水、净水器、可食用的胶囊水珠等。这时候要设计的不再是"杯子"或"容器"而是一种"方式"，三者的从属关系是递进的，而"方式"这个概念让我们的思维开拓得更彻底了。一旦跳出了"承载水"这个限制后，真正的头脑风暴就开始了。这里有个既感人又伟大并且非常具有创新性的产品案例分享给大家——秘鲁"将空气变成饮用水"的广告牌。

我们知道秘鲁的首都利马很少下雨，是世界最干旱的地区之一，居民常年喝被污染的地下水，而附近的河水也被严重污染，含有砷、铅和镉等，导致这一带的土地上种植的蔬菜与粮食都重金属超标，整个地区有超过100万的贫困人口无法获得清洁的水。该如何解决这个关于"生命之源"的问题呢？几年前，秘鲁工程学院的几位学子们找到了这个社会普遍存在的痛点问题。他们还发现一个有意思的问题：这一带虽然不下雨，但居民家里的东西很容易受潮，这是为什么呢？

当地的空气湿度竟然高达98%，这是一个多么有价值的条件！如何能够将看不见摸不着的水分变成可以饮用的水呢？这时候，一个大胆的想法出现了：我们是否可以设计一个能够从空气吸收湿气水分后又将其过滤为饮用水供人使用的某种装置呢？于是他们尝试以这个"预设的目标"为导向，利用自己的知识以及设计原理，经过不断迭代尝试，数月后世界上第一块能"将空气变成饮用水"的户外广告牌出现了（图1-5-7）。

⬦图1-5-7　秘鲁"将空气变成饮用水"的广告牌

其设计原理是将冷凝器安装在广告牌内部，首先，外面的空气先进入广告牌，然后冷凝器会吸取空气中的水分，将其转化成水后储存在顶部水箱，水再经过碳过滤器进行净化就变成了纯净水，接着通过水管连接下部龙头，这些纯净水就可以像自来水一样流出来了。同时，考虑如何让市民更容易知道这块广告牌的用途，他们还在柱子上贴了水滴状的Led装饰物，使其从上慢慢往下运动，模拟出蓄水的状态，到了晚上，借助灯光，广告牌会非常醒目。这个广告牌的落成共花费了约32000美元，但它的产量可不低，日常每天能生产约100升水！一块能产水的广告牌就真的实现了，附近居民终于喝上了干干净净的水，这几个学生利用他们的创新思维、设计思维再结合自身的专业知识在世界上最干旱的沙漠边缘创造出了最纯净的水。此时他们并没停下脚步，既然解决了用水问题，为什么不一起解决健康蔬菜的种植问题呢？相比于将空气变成水，这要简单得多。他们利用一堆空心PVC管，将它们裁剪好后打上孔，把广告牌里流下来的多余的水，引到这根管子里，开始种植一颗颗蔬菜，于是这个由广告牌衍生出来的蔬菜市场，就这样开始在路边出售新鲜健康的蔬菜（图1-5-8）。这个原理还被用于制作"户外自动蓄水杯"，利用冷凝装置、过滤装置及太阳能充电等进行户外自动蓄水杯的设计。

○ 图1-5-8　蓄水种植蔬菜的广告牌

然而，这一切还没结束，有了这样大获好评的初代原型后，他们开始考虑"有了干净的水，还要有干净的空气"。接下来，他们的创新思维和设计思维又再次碰撞。由于这一带靠近沙漠，加上几乎没有风的气候和快速的经济发展、大规模的城市建设，让利马成了拉丁美洲空气污染最严重的城市。为了减轻建造过程中的污染，改变这个"每年有八个月天空灰暗"的城市，这几个学生联合了当地的一家名为FCB Mayo的广告公司，在秘鲁工程学院新校园建筑工地的中心建立了一块净化空气的广告牌。在这块广告牌上，他们利用热力学原理，使其从一侧吸入受污染的空气，并将其与可循环的水结合，在消除细菌、

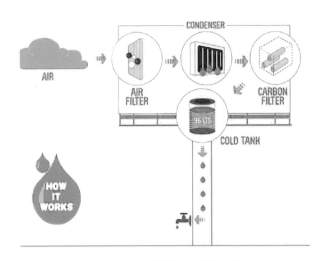

○ 图1-5-9　空气净化的广告牌

尘土、微生物后从另一侧释放出新鲜的空气（图1-5-9）。它每小时消耗2.5千瓦的电力，基本上跟电磁炉的耗电量差不多，然而它每天能够净化大约10万立方米的空气，这相当于1200颗大树可以净化空气的量，能覆盖周边的五个街区。为此，世界各地的媒体纷纷报道这些暖心的广告牌，这不仅让利马的城市面貌得到了改善，还拉动了当地的旅游业。

我们思考一下在这套创新性广告牌的诞生过程中，哪些环节很重要呢？首先，几位工程设计师身处这样的环境中，能感同身受地体会到水源给当地人带来的困扰，产生了想要解决这一痛点问题的决心，于是开始找问题存在的核心原因及环境条件。要解决这一水源问题，常规的思路是考虑如何进行降雨或调运水资源等一些被动的方法，但在探索问题的过程中，他们发现空气湿度大这一现象。空气中的水分是否有可能成为可使用的水呢？同样是寻找水源，为何不找一个可以随时随地且主动产水的方法呢？所以第二步，他们很快锁定了解决问题的核心——空气中水分的提取及转换方

法、人、使用水。一旦找到问题的核心，就能够抛开以往产生水源的方法，跟着这一思路一步一步地推进，再结合相关专业知识进行更实际的推导、思考从而将其实现。事实上，他们最终也可以不需要用广告牌来解决问题，但选择广告牌既能够扩大吸收空气的范围，同时也是一种营销策略，不得不钦佩这几位学子的创新思维。

所以，创新思维产生的核心不是一味地追求将解决问题的手法表现得多么特立独行或者别出一格，而取决于思考问题和看待事物的角度及限制程度，例如之前的三个头脑风暴问题，这些问题的重点不是答案，而是提问题的角度，不同角度下思维放开的程度截然不同。从设计一个"使用水的杯子"到"使用水的容器"再到"使用水的方式"，它们之间存在包含与被包含的关系，同时也存在共性，三个问题都是围绕"人""使用""水"三个核心问题展开的，一旦我们找到这三个核心词汇，就会发现它们之间的差异在于受限制的程度不同，限制越少，我们的思维越广泛、越有趣甚至于大胆，这时创新思维就已经产生了，所以从"杯子"到"容器"再到"方式"的思考过程是在不断地"创新"；而逆向地进行思考则是在进行"设计"工作，也就是我们之前所说的"设计思维"。"设计思维"是将天马行空或不切实际的"创意的点子"进行合理化的推导，使之最终得以实现。一句话总结创新思维和设计思维的关系——"创新驱动设计，设计服务创新"（图1-5-10）。

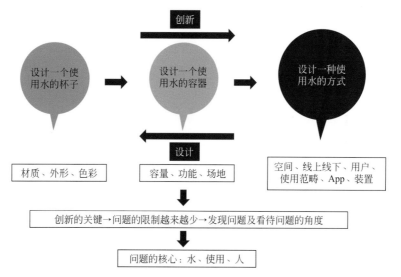

○图1-5-10 创新思维与设计思维的关系

（3）交互设计师必备的意识——品牌意识、营销思维及沟通意识

1）交互设计师品牌意识的重要性

企业的品牌是具有经济价值的无限资产，可以利用抽象的、具有自身特色的、能够清晰识别的系统来表现其差异性。好的品牌对内能让员工产生信仰感，对外则能使用户产生信任感。企业的品牌形象管理是个非常严谨的工作，这里涉及另一个概念——Visual Identity（简称VI，即视觉识别系统）。企业通过VI设计，对内可以获得员工的认同感、归属感，加强企业凝聚力，对外可以树立企业的整体形象，资源整合，有控制地将企业的信息传达给受众，通过视觉符码，不断地强化受众的意识，从而获得认同。现在有很多企业专门设立了品牌文化部，为企业进行形象设计及策划相关活动，而有经验的设计咨询公司也常会用SWOT分析法（态势分析法）对管理对象本身有一个

清晰明确的认知，其中包括对企业组织架构、企业文化战略等硬件、软件方面的认知，对目标用户群体的痛点问题、收入情况、产品的市场定位的认知，当然，更重要的是对该对象劣势的发现和分析，然后再进一步设计并制定目标、计划和策略等（图1-5-11）。

作为一名交互设计师，应该有一种品牌责任感，设计某企业的交互设计产品或服务体系时，首要的是了解企业的品牌文化及所面对的受众群的定位。交互设计师是建立企业与客户之间桥梁的重要工程师，深度理解品牌文化有助于设计出最适合该企业的产品功能。在企业的品牌文化之下，设计师要考虑到三个要素："一致性""准确性""独特性"。

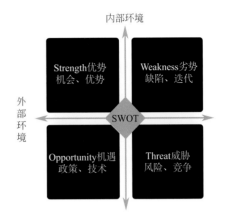

○图1-5-11　SWOT态势分析图

许多设计师都非常有个性并希望自己的作品能够独树一帜，但设计与纯艺术是有本质的区别的，所谓的"一致性"就是在交互产品设计过程中，要考虑所设计的产品或服务需与企业的品牌文化相一致，这是首要任务，例如与Logo风格一致的icon等，而"准确性"是需要明确产品品牌的定位，即目标人群、产品功能等，"独特性"则是在品牌的基础上进行个性化的设计与贴心的细节考虑。

2）交互设计师必备营销思维及沟通意识

多数设计师的痛点问题在于不擅于营销及沟通，这里所说的营销是一种沟通的思维方式。常规理解中的营销只需要懂得销售技巧就够了，但其实现今如果不具备营销思维，无论什么职业都会处于一种被动的状态。营销是在创造、沟通、传播和交换产品的过程中，为顾客、客户、合作伙伴以及整个社会带来经济价值的活动。营销思维则是运用营销的理念去做服务营销对象的事情，简单而言就是通过换位思考，从营销的角度去看待一个问题。作为设计师，营销思维的培养主要体现为建立一条市场、用户及伙伴之间的价值链，换而言之就是取得对方的信任，扭转甲方与乙方甚至丙方之间的关系，形成一种互相关联且依存的关系。这其中需要锻炼的不只是口才及沟通技巧，还包括洞察力及分析能力。

绝大多数从事设计行业的工作人员都不习惯和人打交道，或者说不愿意主动去与客户交流，更习惯被动地接受客户不够专业的提议。要改变这一状况，设计师特别是交互设计师必须具备一定的营销思维及沟通能力，首先应该学会洞察客户的需要，从而分析客户背后真正的需求及意图，再结合自身专业能力提出自己的意见，才能够言之有理地说服客户采纳自己的意见并获取对方的信任及依赖，在整个交易活动中占据主导地位，同时这对于设计师而言，也能够提高效率，且省去很多无谓的返工。

1.6　交互设计师的手账

设计师需要时常好奇、时常感动、时常坚持、时常反思。踏上了设计这条路，工作和生活就无法分开了，因为灵感不会在一刹那突如其来，而需要不断地思考与深度体验。设计师的创意来源于知识的不断积累与运用，再把所累积的各种知识组合、连接、碾碎、再组合、再连接……最终产生新的点子或形成新的知识。图1-6-1所示为交互设计师的手账。

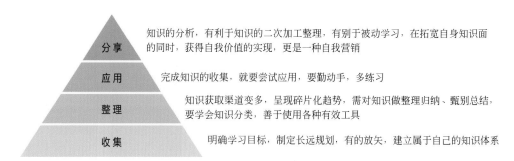

○ 图1-6-1　设计师的手账

1.6.1　交互设计师手账中的知识管理

交互设计属于多专业跨界的行业，交互设计师必备的知识体系相对较广，其核心在于专业知识的积累、专业技能的锻炼、进阶知识的收集、行业知识的认识及思维能力的提升五个方面，其中对于有效知识的鉴别及管理尤为重要。

知识有助于将信息转化为行动能力，我们通过学习、实践或探索取得认知、判断或技能，又将这些认知、技能应用于我们的工作与生活，经过实践、验证再形成新的知识。所谓的"知识管理"就是对知识及其创造过程中的原理、应用进行有效规划和统筹的过程。

往往我们会通过人与技术的充分结合，将交互设计中涉及的专业内外的知识进行系统的沉淀、共享、学习、应用和创新，从而提升组织的核心竞争力。交互设计师的知识体系如图1-6-2所示，图中右侧的知识及技能属于设计师必备的专业能力，而左侧则是可通过后期学习或实践不断积累的。

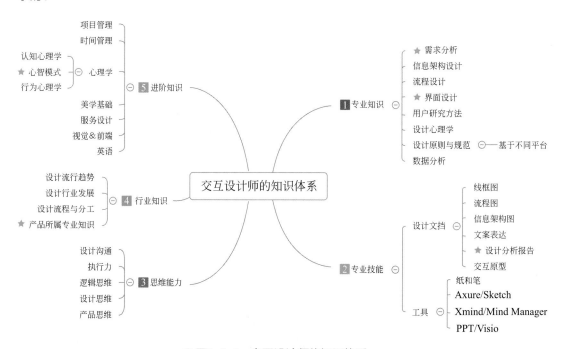

○ 图1-6-2　交互设计师的知识体系

（1）专业知识的积累

对于专业知识的积累主要是需求分析、信息架构设计、流程设计、界面设计、用户研究方法、设计心理学、设计原则与规范及数据分析等的积累。

首先，正如前文所说，交互设计师很多时候还会充当产品经理的角色，因而学会分析需求尤为重要。交互设计师未来可能会有两个方向发展，一是服务于甲方，探索甲方的需求；二是自主研发，探索与产品有关的需求。不论是哪一种，需求分析都尤为重要。需求往往有多个来源，来自产品的、来自用户或客户的、来自老板的、来自市场的……作为交互设计师，许多时候从产品经理那里获取的需求往往并非原始需求，经过二次传递后多少都会带有别人的主观意识，所以交互设计师要尽可能地自行寻找问题的根源，去了解需求的来源及其产生的原因。设计师的需求分析能力直接决定了设计方案的优劣。

其次，交互设计师需要注意积累基本的排版、构图知识及界面内容的表现能力与设计方法，也要收集一些配色知识。界面设计中的一些理论知识和方法也需要掌握，其中包括设计心理学等。

（2）专业技能的锻炼

如果说专业知识是"内功"，那么技能便是交互设计师的"武器"。正所谓"工欲善其事，必先利其器"，所以文档和工具十分重要。设计文档通常包括线框图、流程图、信息架构图、文案表达、设计分析报告及交互原型设计，这部分我们将在第2章结合设计思维进行讲解。其中，设计分析报告是设计师必备的技能。它在设计方案评审时主要用于：① 强调设计方案是有依据的；② 写报告的过程中，会使设计师对设计方案思考得更全面；③ 可以让更多人理解并认同该设计理念，从而有利于一致目标的达成。

专业技能的积累还需要利用一些工具来实现，例如制作思维导图时所需要用到的一系列图形表达方式或软件，最简单而常用的是XMind或PPT，本书第2章将利用PPT进行讲解。

（3）思维能力的提升

如果将专业知识比作"内功"，将专业技能比作"武器"，那么，思维能力则是交互设计师的"道"。它是一种内在表现，用于自我思想意识的表达，其中包括逻辑思维、设计思维、创新思维、产品思维，而其外在表现则是沟通能力、执行能力、创新与设计能力。对于这些思维及能力，相信不少设计师是极具天赋的，而且这些还可以通过后天的学习和训练来提升。本书第2章将介绍详细的锻炼方法及应用技巧。需要特别说明的是产品思维，其对设计师的要求是时常站在产品的角度思考问题，关注产品的商业目标、运营策略、发展规划，只有了解得更多、看得更远，设计方案才更能符合用户对产品的需求。

（4）行业知识的收集

主要指设计行业以及产品所属领域知识的收集。关注设计行业发展和流行趋势，是交互设计师需要持续学习的内容。当知识积累到一定程度，设计师对设计行业的发展就会产生自己的看法，更甚者能够影响行业的发展和趋势。

对于产品所属领域的知识，会随着交互设计师在此领域工作与学习的深入而逐渐积累，随着对产品所在的行业越来越深的认识，交互设计师进而能预测产品的发展趋势，这时的设计高度自然也是不同的。

（5）进阶知识

进阶知识可以看作是为交互设计师锦上添花的知识技能，对于项目及时间配合的管理，并非一味地图快或细，更多的是掌握一种节奏。举个例子，前期在做产品初代原型时，如果考虑慢工出细活，一味追求精细，渴望一次到位，那么可能会错过产品最佳上架期，甚至无法达到客户的预期值而导致返工，这就是项目规划不够清晰而导致的问题。事实上，任何产品都需要多次迭代，产品初代原型设计重在"快速"与"恰时"，所以不要畏惧失败，尽快获得用户对于产品初代原型真实的反馈数据，再对产品进行迭代，才是对时间及项目的最佳管理方法。

此外，交互设计师还需要从心理学、行为学、美学的角度去锻炼自己的理解及审美能力。经常去看展览、看电影、读书以及和各行各业人士交流，都是积累这些知识的渠道。

1.6.2　交互设计师手账中的精益问题探索

我们之前讲过，交互设计的工作中也会涉及许多不属于设计本身的工作，比如产品的营销策略、市场调研、商业模式，等等。由于交互产品本身就脱离不了市场及用户，因而交互设计师很多时候需要从全局进行思考后再进行设计工作。交互设计师可以借助"精益问题画布"对不明确的问题进行一个整体的梳理，同时它也是一个检验标准，可应用于设计的各个环节中（图1-6-3）。

从图中我们看到精益问题画布分为两个部分：产品设计及市场调研。我们会发现这是一个非线性的思考及实施的流程，之所以是个非线性的形式，主要是由交互设计过程中的交叉性所决定的，其基本流程是：① 用户模型建构→② 用户需求探索→③ 解决方案→④ 价值主张→⑤ 核心资源→⑥ 关键指标→⑦ 渠道通路→⑧ 成本结构→⑨ 收益分析。精益问题画布在产品设计及商业模式设计环节中十分常用，它贯穿于整个设计过程中。在开展一系列设计操作的过程中，交互设计师应在手账中通过一系列的调研，结合专业知识对本次项目对象制作一个简单的问题画布。由于它贯穿于整个设计思维的应用过程，具体内容我们将在第2章交互设计的设计思维及系统应用中进行详细介绍。

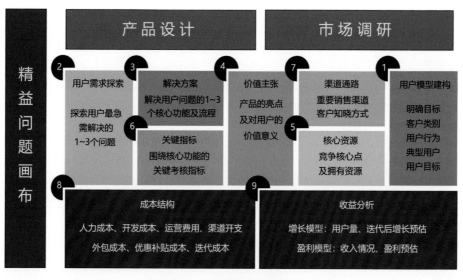

⬣ 图1-6-3　精益问题画布

交互设计的设计思维及
系统应用 **第2章**

2.1 无处不设计，交互需有序

　　仔细观察我们的生活和工作，你会发现，问题无处不在。这是一个"高概念"的时代，这就意味着对一个概念如何理解可能比掌握一门技术或掌握多少信息更重要，只要有"人"存在，就必然有"需求"存在。任何有问题、有需求的地方都可以利用"设计思维"，从洞察寻求到定义问题，再将想法制作成原型，不断接近最能满足用户需求的解决方案。

　　设计思维是交互设计学习过程中一个非常重要的思维体系，能够催生洞察力及解决方法。具备设计思维者具有综合处理能力，能够理解问题产生的背景，并能够理性地分析和找出最合适的解决方案。现在设计思维的跨界范围已经非常广，很多经济学、管理学及心理学等专业都开设了这门课程，对非设计专业出身的人来说也算是一种跨界思维，它所倡导的是以设计师的思维方式去思考问题。

　　"设计思维"已成为流行词汇的一部分，它可以更广泛地被描述为某种独特的"在行动中进行创意思考"的方式，在21世纪的教育领域有着越来越大的影响。设计思维由斯坦福大学Rolf Faste（罗尔夫·法斯特）教授在任教时，扩大Robert Mckim（罗伯特·克金）的工作成果，把该思维作为创意活动的一种方式进行定义和推广。设计思维的核心理念及应用方法通过他的同事David M.Kelley（大卫·M.凯利）被用于IDEO公司的一系列商业活动中，甚至成为IDEO公司的设计方法及思维核心。与此同时，David M.Kelley在斯坦福大学成立了赫赫有名的D School，将设计思维进一步向多个专业推广，并成立了具有体系的设计思维课程。设计思维课程是没有专业限制、面向全员的选修课，鼓励来自不同专业的学生合作参与项目。在IDEO公司内部，也非常欢迎具有跨领域思维的"T"型人才❶。IDEO的项目团队通常由来自不同职业背景的人构成，例如营销

---

　　❶ "T"型结构人才属于一种结构优化的人才，具有较高的效能性、较强的适应性、较好的进攻性和较多的独特性特征。具体而言，这是按知识结构区分出来的一种新型人才类型，用字母"T"来表示他们的知识结构特点："—"表示有广博的知识面，"|"表示知识的深度。两者的结合，既有较深的专业知识，又有广博的知识面，便形成集深与博于一身的人才。这种人才不仅在横向上具备比较广泛的一般性知识修养，而且在纵向的专业知识上具有较深的理解能力和独到见解，以及较强的创新能力。"T"型结构人才一般都有较强的发明创造力。

学家、人类学家、工程师、有医学背景的人等。尽管这些专业和职业背景与设计无关，甚至相隔十万八千里，但他们都在运用设计思维解决问题，从这个意义上来说，他们都是设计师。

2.2 初识设计思维

设计思维既是一种思维方式，也是一种方法论，用于为寻求改进结果的问题或事件提供实用和富有创造性的解决方案。设计思维的特点在于，它并非从某个问题入手，而是有方法地从外界获得相关信息后，预设一个目标，从要达成的目标着手，在探索的过程中要考虑各项参数变量及解决方案。下面我们先对设计思维方法论的五个阶段进行大致了解，具体如下：第一阶段，探索发现问题——痛点定义；第二阶段，设想解决结果——确定目标；第三阶段，目标推理导向——思维导图；第四阶段，产品/服务原型可视化——原型设计；第五阶段，产品服务测试——测试迭代（图2-2-1）。接下来我们将分五部分进行深入讲解。

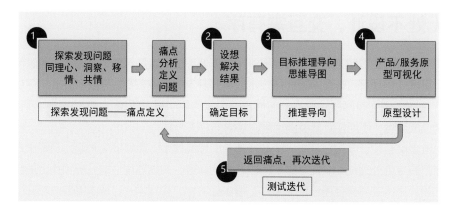

⚫图2-2-1 设计思维方法论的基本操作流程及应用核心

2.3 第一阶段——探索发现问题与问题定义

设计思维方法论的第一个阶段是针对问题进行探索并明确问题。我们可以理解为，即使已经清晰地洞察到目标人群及他们的需求，也未必能明确我们的产品或服务到底应该解决的是哪一个痛点问题。所以，并非探寻到用户及需求后就能开展设计工作了，我们还需要分清主次问题，明确具体要解决的问题是什么，再根据问题开展设计工作。所以，这一阶段我们将分为两个部分进行讲解：① 探索问题及目标用户；② 分析痛点后得到明确的问题定义。

2.3.1 探索发现问题

探索发现问题阶段通常是从"用户"入手，所以，进行用户群体的洞察是首先要做的工作，一般将这个过程称为用户模型建构，随后才开始从目标用户需求背后存在的痛点或痒点问题入手进行问题的发现。

用户模型（Persona）是设计团队建构出的一个虚拟用户，用来模拟用户使用行为，推演、推进并测试整个项目的开发。从之前的项目经验来看，用户模型往往是多个用户各项特征的集合，比任何一个现实中的真正用户都具有个体代表性。通常在一个项目组中，会建构3～6个用户模型来代表所有目标用户群体。建构用户模型是为了更好地解读用户需求，设计团队需要利用用户模型来分析不同用户群体之间的差异。在用户模型阶段，设计团队需要考虑正在为谁创造价值，谁是最重要的客户，或者一个企业想要接触和服务的不同人群或组织是什么样的。

用户模型建构有三个核心点：用户行为、典型用户、目标用户。

① 用户行为：主要研究用户行为习惯、消费心理，以此探讨用户如何看待、使用产品，如何与产品互动。在交互系统的使用过程中，用户的认知与行为是线性的，是一个相对连续的过程。

② 典型用户：用来帮助团队聚焦目标用户群。所有的交互系统都是以功能实现为开发目的的，典型用户可以帮助设计团队深化系统功能，特别是主要功能。典型用户是具有稳定性、可持续需求的用户，即在限定的企业资源条件、产品定位下产品的主要使用群体。注意，典型用户并非大多数用户。乔布斯说过："消费者并不知道自己需要什么，直到我们拿出自己的产品，他们就发现，这是我要的东西。"建构用户模型，我们关注的是"典型用户"而非服从"大多数人"或"平均用户"，其目的是帮助我们识别、聚焦目标用户群。

③ 目标用户：用户模型本质上并不存在，但设计团队又不可能精确地了解每一个用户的喜好、行为习惯，并且用户行为难以探查，且会随使用环境的变化而不断改变，这导致用户模型的建构难以引导用户决策，所以我们需要将精力花费在目标用户身上，利用目标用户的特征，分析其需求和行为特点，帮助设计团队分析交互系统、设计产品。

2.3.2　痛点问题的分析与定义

（1）痛点问题的分析

痛点问题分析是紧接上一个环节的一项工作。当我们为用户建立了基本的模型框架后，不必先对存在的问题下定义，而需要调动同理心、共情能力、洞察能力、理解能力及逻辑能力去洞察痛点的根本，这涉及咨询专家，观察、参与用户的经历，理解其动机，以及将自己沉浸在相应的物理环境中以便更深入地了解所涉及的痛点因素。这时第1章介绍过的"交互设计师的手账"就派上用场了。还记得"交互设计师手账中的精益问题探索"吗？精益问题画布就贯穿于设计思维的一系列应用过程。下面，我们对几个概念做一个简单的了解。

① 同理心：同理心（Empathy），又叫做换位思考或神入，指站在对方立场设身处地思考的一种思维方式。同理心是情商（EQ）的一个重要组成部分，是用心去感受对方在特定情境下所面临的问题和情绪。但是，同理心并不等同于同情心，同理心不应该带有个人情感，而是要客观平静地去感受对方的处境。同理心是人类的本能，只是每个人的掌握程度不一样。

② 共情能力（移情）：共情也叫做移情，作为一种能力通常是配合同理心一起使用的，可以理解为同理心的一种行为表现，主要是指一种利用同理心去转移情感，设身处地地体验对方的处境及感受对方的状态，从而深入理解他人情感的能力，简单来说就是有意识地换位思考去理解对方的思想及感受能力，被认为是一种认知能力，而不是一种情绪体验。擅于利用共情能力的人容易让他人产生亲切感及信任感。庆幸的是，共情是可以通过有效的训练加以提高的，最主要的方法就是练习换位思考，学习从他人的角度看问题，学会将心比心（图2-3-1）。交互设计师与产品经理需要有极强的同理心与共情能力，因为需要通过产品与无数用户产生连接，只有清晰地感知用户情绪并快速做出反馈才能维系与用户之间的联系，做出优秀的产品。我们常常提到的用户场景需求框架就是通过还原用户场景去感知用户情绪，同理心越强，对于场景的还原越真实，给出的解法也就越有效。

△ 图2-3-1　共情图（移情图）

③ **痛点**：所谓的痛点指人类在某些事件上得不到解决或需求得不到满足的点，其紧迫程度近乎刚需，且这个问题或多或少会影响到人的正常生活或情绪，而且是持续或反复出现的。设计中，设计师如果能通过自己的专业知识与共情能力探寻到客户的真实需求，也可以称之为痛点。相对于痛点而言，还有两个不得不提的"点"——"痒点及爽点"。

④ **痒点**：能够满足或成全用户的某种虚拟的自我需要，可以理解为一种消费副产品。痒点满足了用户某种精神上的需求，与痛点相比给人以锦上添花的感觉。我们从字面上意思也可以感受到它们在程度上的区别。

⑤ **爽点**：是以上两点的对立面，可以理解为即时满足用户需求而为他们带来快感的点。当然，无论是哪一点，只要抓得准，都可以成为产品的切入点。做产品无外乎就是要满足用户的需求，或者在用户还未发觉其需求得不到满足之前为他们做足工作，让他们发现"原来还可以这样"。

（2）定义问题

定义问题的核心在"定义"二字上。所谓"定义"是在对用户进行一定调研和信息收集之后，结合相关专业分析得到关键问题。在设计管理中，定义问题环节为计划开发、策略制订、决策执行等开辟道路、确定起点，只有在具体问题确定之后，才能根据问题进行下一步的构思，这是发挥导向作用的环节。在"定义"的阶段，设计师需要尽可能满足大多数用户，从众多需求中确定用户的核心需求和边缘需求。这时需要将通过"同理心"创建和收集的信息组合在一起，发掘用户的潜在需求，分析并整合这些信息，同时也要能够科学合理地进行选择、删减，以此定义已确定的核心问题，注意应采用以人为中心的方式来定义问题。关于问题定义需要说明的是，所定义的不是自己或公司的需求，最终确定的需求应该是能够转换为产品核心功能和附加功能的，这也是定义的内容之一。

在定义问题环节，我们通常会使用"用户场景化"的思维方式。这种思维方式是在交互设计中出现频率非常高的一个词。场景化思维就是从用户实际使用的角度出发，将各种场景下的用户行为做综合考虑的一种方式。用户场景是我们设计与验证产品原型最重要的依据。在本阶段第一步中对用户模型进行建构后，产品经理及交互设计师应对目标用户进行一个大致的需求探索，提出最急需解决的1～3个问题。

用户场景本质上就是"用户"（who）在"何时"（when）"何地"（where）做什么"操作"（what）从而达到何种"目的"（purpose）。用户场景化思维贯穿整个交互系统设计与制作过程，能够帮助设计团队完善产品功能、深化用户体验，在产品设计与测试时为设计团队提供思路、帮助决断，对于整个交互系统的宏观设计和单一界面设计皆有重大意义。

在交互系统中，可将对象需求分为三个层次——"功能性需求""体验性需求""持续性需求"。通过以上需求，可以将用户场景也划分为三个层次——"基础场景""必要场景""环境场景"。基础场景即"用户"要达到何种"目的"；必要场景即做什么"操作"；环境场景即"何时""何地"。

1）交互系统中对象的三个需求

① 功能性需求：交互系统的核心是结果，其设计开发的首要目的即使用户需求得到满足，明确的目的指向是吸引用户的首要条件。

② 体验性需求：当交互系统可以满足用户需求后，用户将希望得到更好的体验，那么交互系统应当简单、明确，减少用户的学习成本，以各种细节讨好用户，让他们在使用中得到满足，如此才能在众多同质化产品中脱颖而出。

③ 持续性需求：用户的这些需求是潜意识的，用户自己基本不会发觉。如果产品满足了用户，他会惊喜万分，对产品的满意度会大大提升，如此便增加了用户与产品的黏度（图2-3-2）。

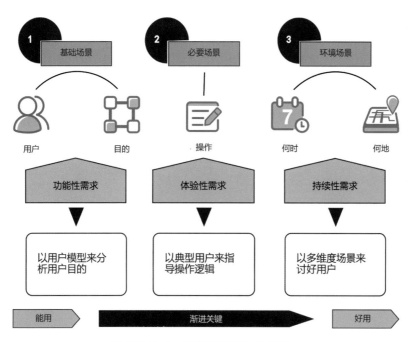

△ 图2-3-2 用户场景模型模式图

2）用户场景的三个层次

① 基础场景——用户与目的

"用户"是指使用产品的人，其本质上还是人。关注人群特征，可以深化交互系统设计，这是优秀的交互系统开端，进一步细分用户市场、分析用户特征，是交互系统走出同质化的重要一步，也是第一步。例如Smartisan OS，2015年末率先推出手机端"远程协助"功能，帮助老年人解决智能手机功能使用上的障碍（图2-3-3）。虽然这并不是一项全新的交互系统（Windows电脑早已推出"远程桌面"，利用远程服务器来控制他人的电脑终端，我们常见的是PC版QQ内置的远程协助功能），但实际上，手机端"远程协助"的意义要远大于PC端，这在功能实现的同时，也是关怀设计的体现。

🔺 图2-3-3　Smartisan OS远程协助

"目的"是指用户打开一款应用的时候，他们是为了解决某种问题，是为了达成某种目的。我们在设计交互系统时就要思考产品要解决用户的何种需求。因而我们需要明确"用户在打开应用之前，他的心理预期是什么"。例如，用户在打开一款地图应用的时候，他的想法是"我怎么去到我想去的地方"，因而，在设计中要能够快速明确地达成用户的这一目的（图2-3-4）。

🔺 图2-3-4　导航类应用的搜索框都异常显眼

② 必要场景——操作

"操作"是指用户行为，用户在使用交互系统时必须要进行一系列的操作，有些操作是主动的，而有些操作是被动的。在设计交互系统时，既要符合用户的行为习惯与既定逻辑，又必须让用户完成操作。举个例子，"买苹果"这是用户目的，为实现该目的需走三步——"去菜市场；拿起苹果；结账"，这是理想的用户操作。但现实中没有用户会这么简单粗暴，他还会询价、询问品质、讲价、挑选、结账、抹零。所以，在交互系统设计中，需要满足用户的既定操作和惯性认知，如此才能达成目的（图2-3-5）。

③ 环境场景——何时何地

"何时"指的是用户会在何时使用产品。设计师需考虑在这个时间段如何能更好地提升交互系统体验，从而提升用户喜感，讨好用户。例如，使用美团App的骑车功能，用户在扫码时，可以使用手动输入单车编号与打开手电筒功能，其中设计师就考虑到了用户夜间使用时的环境。"何地"则指人是非常复杂的，在不同环境下就会有不同的需求，交互系统对象也是如此。试着做一下场景还原：司机在车内驾驶时，需要用到手机的哪些功能？首先当然是导航，其次是音乐，最后是电话，对于其他功能，用户是无法在驾车时使用的。"Smartisan OS"的驾驶模式设计，为了最大限度地保证用户安全，UI界面设计简洁清晰，鲜明的色彩便于快速操作，语音交互的方式可防止分散注意力（图2-3-6）。

打开App	初始
进入主界面	浏览
找到美食	选择
选择一家店铺	筛选
挑选食物，加入购物车	筛选
结算，开始登陆	操作
填写收货信息	输入
发现有减免优惠	提示
收货地址无法送达或配送时间较长	错误
支付	待确定
余额不足	错误
选择支付方式	待确定
结束	成功
取消	中断

⬥图2-3-5　美团App的操作

⬥图2-3-6　Smartisan OS驾驶模式

在"定义问题"环节中，设计团队将综合第一阶段即"探索发现问题"阶段对用户的观察、对问题的清晰定义，来设想问题的解决，并朝着正确的方向启动第三阶段——目标推理导向。这几个阶段并不总是连续的，它们不需要遵循任何特定的顺序，通常可以并行发生，并且可以迭代重复。因此，各阶段应该被理解为对项目有贡献的不同模式，而不是按顺序进行的步骤。

2.3.3　用户体验——遵循行为逻辑，再放大细节

用户体验（User Experience）是交互设计中应用最广泛的一个概念，简称UX。UX设计是指以用户体验为中心的设计。UX设计师所研究的是一个产品或服务既易用、实用，又能解决目标人群需求的问题。随着以用户为中心的设计理念的不断增强，如何增强用户体验时的舒适感及实用性成为设计行业的重点问题。

与其相反的是"反人类"设计。所谓"反人类"设计就是不遵循人的行为逻辑而设计出来的

"鸡肋"产品。从图2-3-7中不难看出这些生活中的常用产品，本应便于人们使用，但现在反而让人们既无奈又头痛。之所以会有那么多"反人类"的设计，不排除有一些客观原因存在，但很大程度上是因为设计师并未从用户的实际使用过程及体验的角度去思考设计。

△图2-3-7　反人类设计案例

所以，在交互设计过程中，用户体验设计成为构建框架过程中至关重要的内容。用户体验强调的是体验，因此用户体验设计过程中应该先遵循人类的行为规律，可以利用同理心去模拟行为、分析场景条件、洞察用户。用户体验设计是十分严谨、理性且具有创意的过程，它首先关注的是解决用户的问题，然后再加入一定的创意，这就是所谓的"遵循行为逻辑，再放大细节"。

2.4 第二阶段——设想解决结果

设计思维不同于传统设计方法的核心就在于"确定目标"，通过对客户"痛点"的挖掘，明确解决问题的突破点。整个设计过程并不是正向的推理方式，而是以最终预设的目标为导向逆向进行推导的过程，也就是说在整个设计过程中，明确解决问题的目标，往往会比整个设计过程都重要。我们可以理解为，第一个阶段的探索发现问题与定义问题是为设计工作设立一个"起点"，而设想解决结果——确定目标则为"终点"。在开始设计之前，我们先对"起点"进行设置。下面以一位德国工程师设计的"反向伞Inside-Out"为例进行说明（图2-4-1）。

传统雨伞　反向雨伞

△图2-4-1　传统雨伞VS反向雨伞

首先，我们先来设置"起点"。回想一下，雨天我们在使用雨伞时出现过哪些尴尬瞬间呢？相信我们都有过类似的经历，情景一：上下车时，由于传统雨伞的关闭方式必须是从上往下进行推拉，导致我们无法在车中完成这一动作，结果是只能置身于雨中关闭或开启雨伞；情景二：进门或出门时，也存在同样的问题，我们必须打开门，将雨伞置于门外，先关闭或打开雨伞后才能进屋或出门；情景三：如果带着淋湿的雨伞进家、商场或公司，这些场合的地面将被淋湿，如果要进入车内，那么淋湿的雨伞更是无处安放，甚至会将车内文件、坐垫、地垫都淋湿；情景四：在拥挤的人群中撑开伞，那是一件多窘迫的事情；情景五：在遇到大风的情况下，有可能伞会被吹翻。这是我们利用"同理心"，结合"用户场景化思维"对传统雨伞进行问题的探索发现。我们总结一下在以上情景中我们洞察到的痛点问题：① 打开或关闭雨伞时，人容易被淋湿；② 雨伞表面的水渍会弄湿所接触的东西；③ 风大时，伞面容易被吹翻，且很难翻回来。这个时候，"起点"就设置成功了。

此时，先别忙着行动，而要先将对应于痛点问题的解决目标思考清楚。我们在本书一开始就提到"设计"的本质是"设想和计划"，所以在开展一系列工作之前，我们先进行目标的"设想"，再根据目标进行"计划"，这样会让我们省去很多试错的时间，并且还可以作为一个标准进行不断的迭代。上一节中，我们说过设计的过程并非线性的流程，而是可以并行发生，也可以迭代地重复发生。很多初学者会思考，为什么我们要多此一举地先去设置一个目标呢？请大家回想一下前面章节中我们所提到的创新思维：创新思维的核心在于看待问题的角度及所受限制的程度，限制越少，我们的思维能够越广阔。因此，我们设置一个"正确"的目标尤为重要，这样会使我们的设计不容易跑偏并且充满创新性。

接下来，开始预设相对应的"终点"：① 打开或关闭雨伞时不容易被淋湿；② 不会弄湿雨伞所接触的东西；③ 在风大时，雨伞不容易翻面，以及能够快速将翻面的雨伞翻回。接着要做的工作则是设计思维的第三个阶段：目标推理导向，我们稍后进行介绍（图2-4-2）。

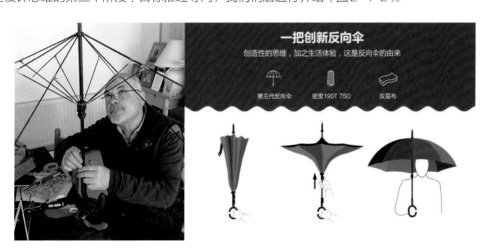

⬥ 图2-4-2 反向伞的设计原理

总而言之，如果我们一开始顺着痛点问题正向地去一一解决，会导致面对一个BUG问题时，只考虑如何解决它，而无法做到整体颠覆性的改变。正如对于传统雨伞的痛点问题，正向的设计方法是改变材质或者加固伞骨，等等，这也是为什么伞的设计几百年来一直停留在一种模式上，并非人们没发现传统雨伞的使用缺陷，而是被固化的雨伞形象困住了，无法超脱这些局限。如果我们设置好"起始点"且其余的问题不受限制的话，可以得到的创新点子将数不胜数，这时候就如莱纳斯·鲍林所说的，"想出一个好点子最好的办法就是想出很多点子"。先追求创意的数量，其次才追求质量，通过理性的分析及专业的推导，筛选那些可以落地的点子，就会出现最有效的创意方案。

2.5 第三阶段——目标推导设计

"目标推导设计"即"以目标为导向进行推理设计"，是整个设计思维主导的行为中最重要也是占比最多的一个阶段。对于这个推导过程，我们采用"思维导图"工具来建构，其中会涉及用户体验、材料学、信息框架及市场调研等内容。无论是怎样的交互产品，我们将"起始点"洞察确定好后，就可以开展组成部分也就是内部结构等细节的设计了。

2.5.1 以目标为导向进行推理设计

我们先来了解什么是"以目标为导向进行推理设计"。这里以"拥抱"育婴保暖袋为例进行分析，大家可以先观看一下TED视频《拯救生命的温暖拥抱》。全球每年出生的早产婴儿大致有2000万个，导致早产的原因很多，且和母体有很大关系。母体的营养、心理及医疗卫生条件对胎儿都有很大影响。每年有将近400万个孩子活不过一个月就会死去，主要出现在贫困地区，他们大部分都因体温不足而死亡。很多人会问，为什么不及时在医院的恒温箱里度过危险期呢？接下来，视频的主角——一位美籍华裔女孩简·陈给出了答案。一个早产婴儿看似在安睡，事实上他正在和死神作斗争，因为他皮脂过薄，没有足够的脂肪，无法调节自己的体温。在没有外界帮助的情况下，他们会面临死亡，即使侥幸存活下来，也会有一些慢性疾病伴随终身。在他们器官的发育过程中，如果不能够保证体温的稳定，有可能会导致得糖尿病、心脏病甚至智障。这时如果能让早产儿在恒温箱里度过一段时间，将能结束这场悲剧。但在许多发展中国家，恒温箱简直是个奢侈品，父母不可能购买得起高达2万美元的恒温箱，甚至医院里都未必会有，这就导致很多父母会采取就地取材的方式，例如使用热水袋或灯罩等这样效果既不好又不安全的做法。为此，简·陈和她的团队用7年时间研发了一款育婴保暖袋，拯救了数十万的早产儿。我们对这个经典案例使用设计思维方法论的几个步骤来进行推导（图2-5-1）。

这里利用了设计思维方法论来模拟从用户痛点到产品最终产生的过程，从①到⑥是一个反复的过程，因为需要不断迭代、反思又再次探寻，一个完整且具有价值的产品才能得以实现。

① 用户洞察及痛点定义：a.恒温箱较昂贵；b.医院资源不足；c.无法保障恒温性、安全性；d.场地限制；e.操作复杂。

② 预设结果：根据探寻到的痛点问题对所要设计的产品预设一个基础结果，其需要具备平价、恒温、安全、卫生、便携、不受场地限制且简单易用、可循环使用等特征。

③ 推理导向：从材料、结构、操作入手，分别根据痛点需求设定大致的解决目标。材料，恒温、无毒、廉价、不受场地限制；结构，便携、安全、卫生；操作，可重复使用、操作简单。

④ 根据推导过程寻找相关的材料、结构及操作方式。

⑤ 材料方面，以氧化聚乙烯蜡为主要原料，其特征是熔点低、有渐变属性、恒温时间较长、批量生产、廉价且安全，结构及操作方式为符合人体工学的块面设计，便于包裹婴儿，基本结构趋于大众化，简洁的结构及操作方式便于父母使用，成本低且平民化。

⑥ 设计初代原型，再反向去检验其能否实现最初预设的一系列目标结果，如果并没有达成，那么要再进行一次设计思维的推导，这是一个反复尝试的过程。

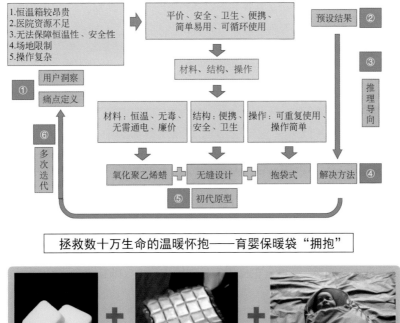

◎图2-5-1 育婴袋设计思维导图

最终这个产品就如图2-5-1所示，它甚至都不像一个恒温箱，更像一个婴儿睡袋，为防水、无缝设计，使用渐变性材料，可为婴儿带来4～6小时的恒温，就如同母亲温暖的拥抱。一个友好且具有生命力的产品能为人类带来巨大的帮助。"拯救生命的温暖拥抱"代表了未来科技发展的一个趋势：简约化、本土化及经济化，这无疑对社会具有重大的影响力。简·陈对这个产品做出解释时曾说："在设计中，我们遵循了一些基本法则，我们急用户之所急，想用户之所想，了解当地居民的需求后，努力挖掘问题的根源而不被表面现象所影响，我们需要寻找到最简单的方法来解决问题，我们相信科技必将造福于大众，拯救更多的生命。"

2.5.2 信息架构设计

设计一款交互性App，在确定"起点"后，我们所要考虑的是如何以最终目标为导向，进行内容框架的建构，这就是信息架构设计环节。这和上一小节中介绍的产品设计的过程相似，只是偏重性不同，本小节我们将具体介绍信息架构相关的知识点。

（1）信息架构是什么？

信息架构是一门独立学科，主要用于帮助人们在现实以及网络世界了解自己所处的环境，找到他们要找的东西，信息架构也因此延伸到网站地图、架构层级、分类、导航和元数据的创建。一旦交互设计的"起点"被构建，我们将开始关注内部结构。支撑整个交互产品或服务体系的是内容及细节，信息架构关注的就是呈现给用户的信息是否契合本产品的调性以及是否具有价值意义。对于用户而言，能否快速找到想要的信息是体验感好坏与否的关键，所以交互产品的友好程度很大部分取决于信息架构是否易于让用户找到其感兴趣的信息。

任何产品都拥有自己的信息架构，一种相对比较单一的信息架构，我们称之为"轻架构"；另一种层次较复杂或关系较多的信息架构，我们称之为"重架构"。"轻架构"产品一般适合用减法来聚焦信息，它比较直观，不会带有太多需要用户学习的成本，面对海量用户，可以提供实现效率高且实用的信息内容，例如微信、QQ、腾讯视频等。而"重架构"产品则通过对海量的功能进行合理且灵活的整合来进行信息聚焦。"重架构"产品的信息框架更难搭建，同时信息框架的合理性也显得更为重要，例如运维类产品、客户关系管理系统或银行业务支撑系统等。

（2）信息架构的来源

信息架构这个概念远早于网络时代。计算机的兴起普及了应用程序及用户体验设计等，这时用户体验涉及的内容就增多了，其中就包括认知心理学、组织行为学和建筑学。这里我们以《信息架构初学者指南》（*Complete Beginner's Guide to Information Architecture*）中Timothy Greig构建的"维多利亚大学图书馆主页"的图书馆信息流为例，仔细看一个完整的信息架构是怎样的（图2-5-2）。

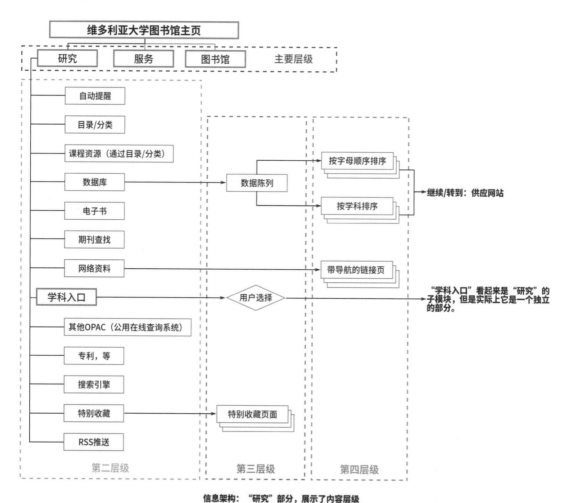

信息架构："研究"部分，展示了内容层级

⬆ 图2-5-2　Timothy Greig构建的图书馆信息流

（3）信息架构内容及如何开展设计行为

简单来说，信息架构设计的目的就是快速且有效地引导用户寻找到设计者想要提供给他们的信息或他们想从产品中获得的有效信息，它是一种高层次的概念框架，是建构网站或组织内部网络的重要手段。如果交互产品是一款软件的话，其信息架构设计的流程主要是：信息框架→整体界面布局→任务操作流程→草图原型。

1）信息架构主要涉及的内容

① 信息架构管理：建构开发的策略，最常用的就是TACT方法——思考、表述、沟通及测试，思考即考虑如何将所获得的信息转换为可视化且富有创造性的观点；表述则利用思维导图、蓝图或隐喻，将所思所想利用图形或文字方式进行表达，便于对方理解；沟通是利用头脑风暴、互动、演示、讲故事等方法，开展针对某主题或某项目的观点阐述；测试即原型制作及迭代，是将所考虑的产品快速进行原型设计，然后测试结果及再次迭代。

② 界面草图原型（线框图）：草图原型涉及整个界面框架，包括按钮、输入框、界面控件等；草图原型是信息架构图形可视化的最佳表达方式，是界面层级与层级之间联系的最好方式，用于确定网站或App实际操作的基础流程。

③ 导航区分信息类别：信息架构设计需要确定信息传播及用户获取的方式，同时需要明确所提供的信息的大致分类，这是十分关键的环节。

④ 内容信息设计：考虑如何呈现信息并实现有效的信息沟通。

⑤ 搜索：设计用户快速查询到有效信息的方式，需要考虑用户搜索需求，搜索界面、语言及搜索引擎、信息数据，等等。

⑥ 标签：确定组织结构后，对这些结构节点的命名，我们在第1章分析"交互产品'体验感'越来越趋同究竟是好还是坏"时讲过，很多同类型产品在操作流程及icon设计方面会越来越相同。这时要按照用户习惯的方式去命名，设计统一的标签系统，需要统一的风格、版面、语言、用户类别，等等。文字标签主要的形式有情境链接、标题、导航系统选项及索引词。

信息架构设计这项工作的要求其实是非常高的。我们在第1章将整个交互设计的流程从职业角度进行过划分，其中并未将信息架构设计单独列出，主要是因为信息架构师实际上是一个横跨多个角色且非常有必要及价值的职位，很多时候可能并不会独立设置这个职位，而是由交互设计师、产品经理及后台工程师共同完成，或者从头到尾都由交互设计师担任。因为这一阶段涉及外观设计、内容结构及用户体验等信息的架构，为了创建架构层级，设计师需要考虑用户期望看到什么，以及自己想要在内容之间产生怎样的联系。交互设计需要谨记的一个点，就是解决复杂信息结构。解决复杂信息结构的过程和结果，会直接体现交互设计师的设计执行力和设计影响力。

2）信息架构的设计原则

① 框架设计的内容能够契合于产品最终要达到的服务目标以及要满足的用户需求；

② 识别到用户心中所思所想的至关重要的信息并友好地呈现出来；

③ 信息内容具备一定的延展性；

④ 分类标准一致，有相关性及独立性；

⑤ 有效平衡信息的"广度"和"深度"；

⑥ 用语亲切且容易识别。

如果我们在开展信息架构工作之前，将用户需求找到并设置好对应的解决目标，信息框架的建构将非常清晰且不易偏离主线。

3）信息架构设计中的结构

信息架构设计中的结构大致分四种：层级结构、矩阵结构、自然结构及线性结构（图2-5-3）。我们通常会结合一些软件或工具来进行设计，例如EdrawMax、MindMapper、NovaMind等思维导图软件，最简单的还可以利用PPT自带的SmartArt工具进行信息框架的建构。

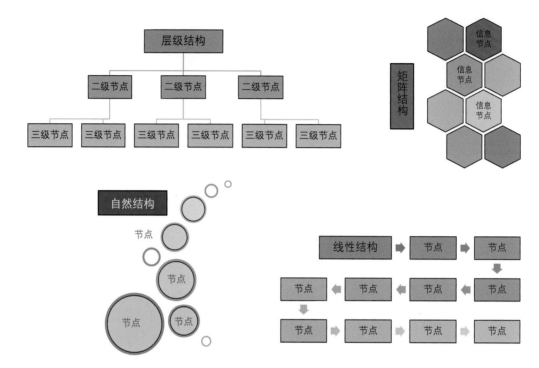

🔺图2-5-3　结构示意图

① 层级结构：在层级结构中，节点与其他相关节点之间存在父级/子级的关系，通常有两种方式进行设计，一种是从上往下进行构思，这是较符合逻辑的设计方式，一步一步细分到每个功能特性；另一种则从下往上进行设计构思，也就是从基础功能入手，将最底层的功能特性设计完毕后归属于较高一层类别，然后再一步一步往上找寻归属类别的设计方式，从对用户有价值的功能特性开始，一步一步往上倒推到产品灵魂。层级结构主要是按"起点"的预设情况进行选择使用。这是最常见的一种方式，常见有树状图、家族图谱等。

但是这两种层级罗列方式都存在缺陷。举个例子，如果是一个注重架构的产品，在产品的市场战略已经非常明确的情况下，"从上往下"的层级构建是很合理的，但是，在产品过于复杂且功能特性过多以及涉及的合作部门跨度较大的情况下，"从上往下"的设计就显得不那么人性化了，这时改为"从下到上"的设计更明智一些，但产品的市场战略也不能被忽略，这时候就陷入两难的境地，无论怎么处理都存在漏洞。

所以解决这个问题最好的办法可能是从中间入手，将功能特性进行一个整合与分组，通过对目标用户的市场调研，探寻出用户对这一系列功能及特性的实际需求程度，然后再进行分类，之后对其确定出中层信息的节点，这时需要将市场战略与产品特性及定位结合起来，以便对上对下顺推，同时做相应的协调与调整工作，最终得到一个完整且统一的信息架构。

② 矩阵结构：矩阵结构是将用户需求划分为多个节点，同时允许用户在使用过程中，在节点与节点之间进行"维度"的移动，每个用户的需求都可以和矩阵中的"轴"进行联系，因此，矩阵

结构通常能给用户带来许多惊喜，同时也能让用户在相同的内容中找到各自感兴趣的东西。举个例子，比如一款 App 界面上，有些用户希望按钮及相应的内容都以颜色进行划分，通过颜色的区分来浏览相关产品，而又有一些用户希望通过区分图形或尺寸来进行内容的查询，那么矩阵结构就可以同时包容这两种情况。

矩阵结构允许用户在节点与节点之间沿着两个或更多的"维度"移动。由于每个用户的需求可以作为一个矩阵中的"轴线"进行联系，因此，矩阵结构通常用于为带着不同需求或需求较复杂的用户群进行设计，使用户能够在相同的内容中寻找各自想要得到的内容。用户对产品的期望可以理解为一种导航，但如果维度矩阵过多就容易出现重复或交错的问题，所以，如何平衡对该矩阵的管理对于交互设计师来说至关重要。

③ 自然结构：顾名思义是遵循无限制的自然结构，节点与节点之间逐一被连接起来，同时这种结构也不会被刻意地进行分类。自然结构对于探索一系列关系不明确或一直在发展变化的主题来说非常适合，因为没有给用户一个清晰的标签指示，却能够让用户感觉到它们属于某个结构中的一个部分，可以激发用户的探索欲，比如某些娱乐、教育或功能性的网站，电影视频类 App 就比较喜欢用层级结构结合自然结构来进行框架搭建。在自然结构中，最常用的用户场景定义方式为任务式、浏览式。任务式的特点：完成任务准确、有效率，例如查询某个航班到达的时间。总而言之，自然结构通常都需要搭配其他结构来进行约束和归纳，毕竟用户是来享受这个程序的，而不是漫无目的地去探索，对于用户而言，有一次两次的探索感是很好的，但是如果一直需要自己去寻找想要的东西，那么很快会不耐烦，因为用户都喜欢简单且"懂事"的好产品，而不受控制且费神的产品会让用户厌倦和烦恼。

④ 线性结构：线性结构是最容易理解也是最常用的一种信息架构方式，书、文章、音像和录像全部都被设计成一种线性结构。在互联网中，线性结构经常被用于小规模的结构，例如单篇的文章或单个专题；大规模的线性结构则被用于限制那些需要呈现的内容顺序对于用户需求而言非常关键的应用程序，比如教学资料。线性结构比较容易理解，更多地呈现在信息架构文档、产品故事讲述等场景中。

由此可见，这些信息架构的结构往往都存在优点与缺点，所以我们通常会为了处理一种复杂的信息架构而交叉使用它们，同时也需要根据实际情况实时调整战略，这样才能让一个产品的信息架构不断完善、有效且实用。

4）在创建信息架构时需要反复思考的几个问题

① 要如何设计应用的分类才能让用户轻松找到他们想了解的信息？

② 用户浏览我们网站或 App 时的观看流程是什么？

③ 如何呈现相关信息给用户？

④ 这些信息是否有效？能否帮助用户并获得他们的认可？

2.5.3　草图原型（线框图）

对于一个信息架构师而言，草图原型是界面与界面之间联系的最好方式，也是确定界面或网页实际操作情况的最佳可视化方式。草图原型通常是基于调研所收集的一系列数据以及信息架构得到明确决定后绘制出的关键界面草图。交互设计师常常也会参与信息架构工作，设计师可以从信息设计及逻辑合理化的角度去设计原型，以此来展示初代交互产品与用户之间的交流方式，以便于开发者及视觉设计师进行后续工作。我们将在 2.6 中以案例方式介绍草图原型。

2.6 第四阶段——交互产品/服务原型可视化

2.6.1 原型设计的概念

原型设计可以分为三大类型，即草图原型、低保真原型、高保真原型。三者的呈现方式及需求不同，使用环境也不同。草图原型，利用一切工具，快速勾勒产品雏形，记录瞬时灵感，追求高效高速，不纠结于规范性，修改频繁，不过多考虑细节，主要用于需求架构初期记录灵感、收集信息和团队内部沟通交流，将产品想法转化为设计开发雏形；低保真原型，用简单的符号、线条表现内容，突出产品的基本功能和使用逻辑，不过分追求产品视觉和用户体验，主要表现页面结构、功能布局、产品结构、使用逻辑、功能逻辑，制作简单、追求时效比，能够反复修改，用于与客户的前期交流，明确产品诉求以及核心功能，也用于与开发人员交流，评估实现难度，构架程序基础框架；高保真原型，视觉上与真实产品一致，交互体验上无限接近于真实产品，与最终产品相比，缺乏数据交换以及硬件功能的调用，视觉效果、交互效果、体验感基本确定，可用于直接开发，视觉元素可直接用于后期开发，制作周期长、修改费时费力，用于客户演示以及汇报，能够得到最直接、有效的用户反馈（表2-6-1）。

表2-6-1 原型分类与对比

	草图原型	低保真原型	高保真原型
定义	描绘产品雏形	表现基本功能、使用逻辑	视觉上与真实产品一致 交互体验上无限接近真实产品
特征	高效 快速	制作简单 追求时效比	视觉效果 交互效果 体验感基本确定
应用	用于产品经理、设计师 记录灵感和收集信息	用于与客户的前期交流， 明确产品诉求以及核心功能	用于客户演示以及汇报

2.6.2 低保真原型制作

低保真原型是一个非工作模型，其主要扮演的角色是交流工具，是交互设计开始阶段的设计蓝图，反映出交互设计的操作流程、交互逻辑，常常出现在应用开发、网站开发、游戏设计等领域。成熟的设计团队一般都是先完成低保真原型设计，然后再去进行高保真原型设计。

视觉设计师很容易陷入"好看不好看"的观念中，低保真原型也是为解决这一问题而存在的。它可以让交互设计师将注意力从视觉美感的设计转移到交互体验的设计上。

（1）低保真原型的优点

① 拒绝空想。主张"用双手思考"的方式来建立实现功能诉求的最优解决方案。

② 风险控制。低保真原型用于产品早期的验证，便于与客户交流以及对设计可行性进行反馈、验证。

③ 专注思考，简化工具、优化规则，让设计师的精力更多地专注于产品本身。

④ 响应精准。以用户为中心的设计，要求在协同设计的过程中，用户能够持续反馈他们对于产品原型的感受，帮助用户去思考核心内容而并非产品外表。

⑤ 快速否定。设计师投入到低保真原型设计制作中的精力相对较少，因而不会因惋惜自己付出的精力而执拗地坚持并非最正确的设计方向。

⑥ 易于展示。低保真原型设计可以快速地完成对设想的记录，并且能够高频度地实现产品效果。

（2）低保真原型的制作思路

① 具有明确且合理的功能框架划分。在产品设计初期，需要确定产品的功能，并对功能进行划分；将其分为核心功能、主要功能、辅助功能。如何将这些功能划分到不同的版块当中，就是设计产品原型时需要重点考虑的。在设计时，可以将前期的功能框架图整理转化成页面的层级关系图，方便向团队成员展示设计思路以及开发逻辑（图2-6-1）。

② 根据流程图设计交互逻辑。低保真原型要在一定程度上清晰地展示产品使用流程，通过展示与交流，让用户与团队快速地了解、验证产品，及时发现问题，确保功能结构完整、流程设计合理（图2-6-2）。

◎ 图2-6-1　原型设计软件中的页面层级

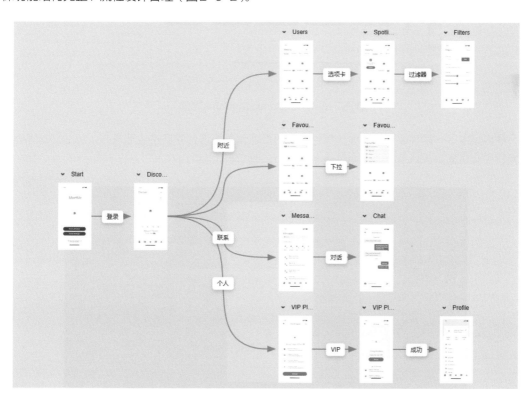

◎ 图2-6-2　原型设计软件自动生成的产品工作流程图

③ 简单的页面布局。页面布局是服务于功能实现与信息传递的。在低保真原型设计阶段，需要向用户以及团队展示页面的布局，这样能够及时验证在使用产品时能否给用户带来高效、便捷的用户体验。

（3）低保真原型制作工具

经常会看到这样的观点，"用什么样的软件来实现不重要，重要的是结果"。在业内，很多人想当然地把PPT、Ai、Ps、Keynote作为低保真原型制作工具。但是，现阶段的市场环境下，人们越来越讲究效率与时间成本，高效、易用的软件可以让你更专注于设计本身，而不是关注软件的使用。所以，关注行业动向，不停地接触新工具、新软件是良好的从业习惯。建议大家选择软件时秉持这样的态度：选择最高效的，而非选择最熟悉的。现阶段推荐大家使用Balsamiq Mockups（美国）、摹客（中国）两款软件来进行低保真原型的设计制作。

Balsamiq Mockups是一款纯粹的低保真原型设计软件，手绘的风格、丰富的元件库、清晰简洁的软件界面，可以让设计师快速上手，即使是英文版也没有任何上手成本（图2-6-3）。

△图2-6-3　Balsamiq Mockups界面

摹客虽然是一款高保真原型设计软件，但对低保真原型设计的支持也非常好，纯中文的界面更加友好，并且使用体验与逻辑更加符合中国人的习惯（图2-6-4）。

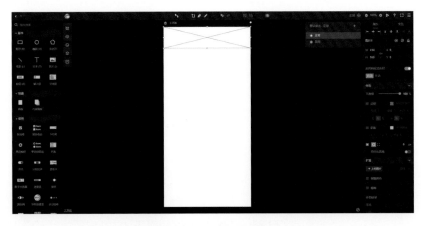

△图2-6-4　摹客界面

（4）低保真原型的案例

原型设计包含视觉元素、产品基础的页面布局、各个页面的主要内容元素，以及一定的交互实现（图2-6-5）。

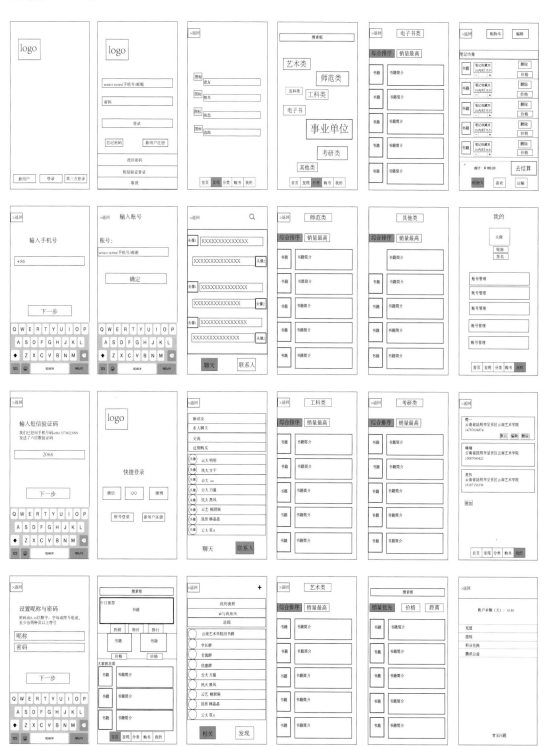

⚠ 图2-6-5　学生作品"学长笔记"App的低保真原型设计

2.6.3　高保真原型制作

高保真原型是在低保真原型基础上对产品进行的细化与视觉表现，在低保真原型呈现产品结构、功能模块、页面元素、交互方式的基础上，增加视觉表现，优化交互效果，提升用户体验，也就是给产品穿好衣服，化好妆并排好计划表。

高保真原型可以真实地模拟产品最终的视觉效果、交互效果和用户体验感受。它是最简单可行的产品，能够让团队、客户、用户更好地理解产品，可以帮助开发团队通过最简单可行的产品获取最直接有效的用户反馈，并持续快速迭代，得到一个相对平衡的产品开发原型，快速验证产品目标、规避未知错误。

以笔者个人的经验来看，高保真原型设计不是产品经理一个人的事情，应当是产品经理、UI设计师、UE设计师一同完成的。另外，交流沟通、产品验证只是高保真原型一个层面的用途，好的高保真原型是可以直接面向开发的。

（1）高保真原型的优点

① 无限接近产品。随着原型制作工具的迭代，高保真原型所展现的效果越来越趋近于开发完善的最终产品。客户和用户可以通过高保真原型来模拟体验真实产品的效果。毕竟现在的客户越来越看重产品的视觉效果，这一点是低保真原型无法实现的。

② 反馈精准。用户在体验最终产品的时候，所提供的建议往往才是最直接有效的，利用高保真原型可以得到更加精准的用户反馈。

③ 更省成本。这个概念是相对的，从制作成本上看，高保真原型的制作成本虽然要远高于低保真原型，但也远低于开发完成的产品。因为高保真原型可以得到更加精准的用户反馈，因而在一定程度上可以更加节省成本。

④ 面向开发。建议将UI、UE的工作带入高保真原型设计制作中，这样高保真原型在验证通过后，即可直接进入程序设计环节。

（2）高保真原型的制作思路

高保真原型是低保真原型的升级。其制作思路是，在明确且合理的功能框架划分，清晰完整的产品功能流程及功能层级，完整的页面布局规划的基础上加入合理的交互设计规范、较为完善的UI展示，以及简单、规范、统一的文字说明。

（3）高保真原型制作工具

高保真原型涉及交互展示、UI等内容，所以所涉及的工具很多。交互展示部分可以选用墨刀（中国）、摹客（中国）、蓝湖（中国）、Axure RP（美国）、Adobe XD（美国）、Justinmind（西班牙）；UI设计可以选用Adobe Ps、Adobe Ai、Sketch、Adobe Ae、Adobe An等。

图2-6-6所示的高保真原型案例主要利用Ps、Ai、墨刀完成。

◎图2-6-6 学生作品"学长笔记"App的高保真原型设计

2.7 第五阶段——交互产品/服务迭代测试

　　产品原型设计完成之后,交互设计师的工作事实上还未完全结束,项目将进入另一个重要的阶段——我们所设计的方案是否能达到预期的商业目标,用户对此的反馈如何,以及产品发布后是否有什么缺陷问题,等等,这些就是产品与服务测试阶段要解决的问题。迭代测试是一个循环推进的过程,从用户反馈中可以了解设计方案存在的优劣性及商业价值,所以及时跟踪与获取反馈也是交互设计师的工作职责之一。产品与服务测试评估的目的在于,通过用户对初代产品的使用,获取最终用户及目标市场对产品或服务的真实反馈与评价。

2.7.1　产品测试变量评估

交互设计产品与服务最主要的评估方法是对用户体验及环境的变量观测。对于变量，如果按交互产品自身的物理变量的不同可以分为局部变量与全局变量；如果按变化成因关系的不同可以分为自变量与因变量。其中，在用户测试阶段，由测试者主动设计或控制而引起变化时，这一系列主观因素或条件都可以称之为自变量，如视觉疲劳可视为用户体验的自变量，简而言之，自主发生的变量即自变量；而观测用户的行为、体验感及情感的内在变化等，经过客观总结分析，获得一系列因素或条件，这些外界因素所导致的变量称之为因变量，例如认知负荷和视觉疲劳可以被看作是界面信息量的因变量。《交互设计原理与方法》一书中介绍过，应用程序的可学习性这一特性对于用户体验而言，既可以被看作自变量，又可以被看作因变量。可学习性通过记录用户的使用程度的变化来度量，"一致性、功能可见性和可发现性"等成为可学习性因变量的重要因素；而可学习性作为自变量时，可用性和用户使用代价等部分则成为其自变量的主要因素。无论哪一种变量都会最终影响到用户体验。

2.7.2　迭代测试

测试通常会采用抽样的形式进行，是贯穿于整个设计过程的，并非最终才需要进行。所有的交互设计都需要迭代，去反复测试其是否契合于用户的需求及用户体验感。在交互设计中，一次能解决所有问题的情况是根本不存在的。通过测试每次解决掉最大的问题和最关键的问题，在不断的测试中让产品更加完善才是最佳的策略，而收集反馈、升级优化、逐步完善也更符合产品开发的流程。

无论是设计草图还是产品原型，都需要开发者先利用设计思维中的同理心先进行"自我评估"，然后再通过"用户测试"，评价一个交互方式的实际使用情况、效率及学习难度是否适宜，往往采取的方式是问卷调查、调研访谈、线上投票等。那么，在做迭代测试的过程中，需要注意哪些测试技巧呢？

（1）真实用户的直观反馈

尽量让真实的用户参与到设计中来验证设计结果，但最好不是熟人、亲友或专业人士，而是普通群众。普通群众会根据自身的文化水平及理解能力去使用产品，给出最客观的反馈。交互产品本来就是服务于大众的，如果可学习度太高或实用性较低，对于大众而言，可能就是一个"奢侈品"或者"鸡肋"。

（2）关注用户行为的反馈

仅靠问卷或访谈获得的数据也并不完全准确，关注用户的行为也是非常重要的。在某些特定环境下，用户面对提问者有可能会出现迎合的情况，所以关注用户使用产品时的行为才是最客观的。在开始向被测试用户提问之前，先问问自己："我需要通过这个测试来弄明白什么事情？"当想明白这个问题之后，就可以开始针对目标来设计问卷，有目的性地探索。

尽可能向用户提出开放性的问题，即答案并不固定。产品测试人员的问题尽可能不要是简单的二元式的结果（对/错、是/否），而是会从这些答案中找到从未想到过的东西，真正从用户那边获取到有用的信息。

（3）让团队参与测试

尽可能让产品研发部及市场部成员共同参与到用户测试环节中，让团队中不同职责、参与不同环节的工作人员在测试中更加清楚用户的实际反馈，同用户产生情感共鸣，了解测试的重要性，在不同视角下探索解决方案。如果团队成员无法全部参与的话，尽量录制视频，让未能参与进来的成员能够在后续看到实际的测试状况。

（4）自变量结合因变量测试迭代

我们之前介绍过按变化成因关系将变量分为自变量与因变量。自变量是测试者主动设计或控制而引起变化等的一系列的因素或条件；自变量通常会和因变量相互碰撞、相互刺激，交互设计大多是以用户研究为起点，再经过原型设计和开发，通过测试，最终发布产品的单一线性过程，但是真实的产品设计比起这种流程更为动态，下面以微信版本迭代过程为例进行说明（图2-7-1）。

2011年1月微信首次推出了1.0版本，截至2011年5月10日，微信已经连续推出了1.1、1.2、1.3、2.0版本，四个月的时间完成了四次体验版的更新。我们从红色标注字中可以知道，每次更新，他们都在根据用户模型及用户场景的需求点进行功能的设计。到微信2.0版本，在快速验证调整的基础上推出了里程碑式的功能：语音对讲功能。这个功能充分抓住了用户非常核心的一个诉求：语音通话，从而大规模地收割了传统移动通信运营商的海量用户，微信逐渐改变了用户的通信习惯。直至今日，微信版本已更新至7.0以上，增加了更多人性化的设计，例如微信视频动态、拍一拍等功能，让用户在群聊天模式中，有更为真实的互动（拍一拍比"@"更为亲切且人性化）。可见，无论是在交互设计还是在产品设计的过程中，需要定期进行用户测试，从用户那里获得信息反馈，这是用户体验设计的核心。擅于利用设计思维进行测试、评估再迭代，有助于提升用户对其的期望值，在整个产品设计和迭代开发中，需求搜集、原型设计和开发是同样重要的。

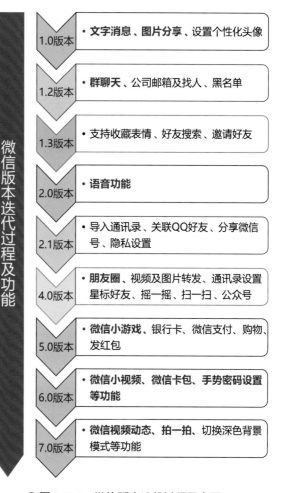

○ 图2-7-1 微信版本迭代过程示意图

第3章 视觉艺术与界面（UI）设计

3.1 交互设计的视觉艺术设计

交互设计注重追求友好且美观的视觉艺术效果，无论是移动手机端还是网页设计，都非常注重色彩搭配与构图排版。无论是想要宣传产品、传递信息，还是表达设计理念，我们思考的应该是如何唤醒观众的"感觉"。"感觉"可以分为五感六觉，五感是尊重感、高贵感、安全感、舒适感、愉悦感，而"觉"则是人所拥有的六觉：视觉、听觉、嗅觉、味觉、触觉与知觉。五感六觉的刺激常常影响和制约着人类的思想情感及行为感受。交互设计是以人为本开展的探索设计活动，对于人类而言，最直观的认知莫过于看得见、听得到及触得到，故而交互设计往往在视觉艺术方面下足了功夫，这是首要的一步，如果能配合适宜的音效及逻辑性强的行为规范设计，那无疑是完美的交互设计作品（图3-1-1）。

大众对交互设计的审美首先源于眼睛所传达的第一印象信息，随后才是与之互动获得的满足。交互艺术给大众提供的是沉浸式的体验，将受众的需求及意识融入艺术表现中，从而与其产生情感上的交流。本节将从数字色彩构成、搭配到UI设计及其规范的角度进行详细讲解。

⬥图3-1-1 注重视觉艺术的交互界面

3.2 视觉艺术下的数字色彩构成

色彩是伴随我们日常生活的一种重要的视觉感知。通过光线的照射与反射，万事万物在我们的眼里产生了"色"这样一种感受，从而帮助我们区分事物，给予我们"美"与"丑"的体验。

3.2.1 数字化的色彩

数字世界的色彩是由数学计算来进行定义和表现的。在数字世界，每一种颜色背后都有着特定的数值（图3-2-1）。不同数值计算出来的色彩构成了完整的色相与纯度，同时不同进制计算出的色彩级别也让数字化的色彩具备了不同级别的色彩数量，越高进制下计算出来的色彩层次越多，也就越接近现实中的色彩视觉感受（图3-2-2）。

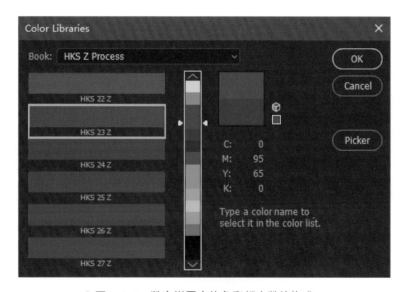

◎ 图3-2-1　数字世界中的色彩都由数值构成

◎ 图3-2-2　不同色彩级别下的色彩效果示意图

3.2.2 数字色彩的构成

（1）像素与分辨率

常见的数字化图像我们称之为"光栅图像"，这种图像由"像素"和"分辨率"两种要素构建而成。所谓"像素"指构成一幅图像的最小结构单位，它是一个正方形的点，数字图像就是由无数个这样的点构成的图像面积（图3-2-3）；"分辨率"则是指在固定的图像面积内这些像素点的数量，也就是像素的密度，比如在1英寸×1英寸的画面尺寸中，72×72密度的分辨率一般是电脑显示器中能够组成清晰图像的标准值，但如果是制作用于印刷的图像，那么分辨率通常需要300×300才够用，因此可以简单地理解为，在固定画面的尺寸中，分辨率越高，图像就越细腻和清晰，当然相应的图像容量也就越大，设备的运算负担也就越重，在实际运用中需要根据需要来设置它（图3-2-4）。

数字图像放大后看到的像素结构

⬥ 图3-2-3　构成数字图像的像素结构

低分辨率图像　　　　　　　　　　高分辨率图像

⬥ 图3-2-4　不同分辨率下的图像对比

（2）RGB模式与CMYK模式

真实世界的光线是由不同波长的光谱色集合而成的。数字世界的色彩也采用类似于真实世界的这种构成方式来生成真实的色彩表现，我们一般称其为RGB色彩通道。其中，R（Red）代表红色，G（Green）代表绿色，B（Blue）代表蓝色。由于这三种基本色通道可以组成千变万化的色彩效果（图3-2-5），我们习惯称它们为"三原色"。在数字图像领域，RGB是使用最为广泛的色彩模式。

△图3-2-5　RGB模式色彩原理示意图

除了RGB模式之外，数字色彩还有CMYK模式，我们习惯称之为四色印刷模式，这是传统全彩印刷的规范格式。在CMYK四种标准颜色中，C（Cyan）代表青色，M（Magenta）代表洋红色，Y（Yellow）代表黄色，K（Black）代表黑色，此处缩写使用最后一个字母K而非开头的B，是为了避免与RGB的B（Blue）混淆（图3-2-6）。在需要进行传统分色印刷的设计时，要将图像的色彩模式设置为CMYK模式，这样才能保证印刷设备正常的分色处理，而如果图像仅需在数字平台应用，那么一般还是选择RGB模式。

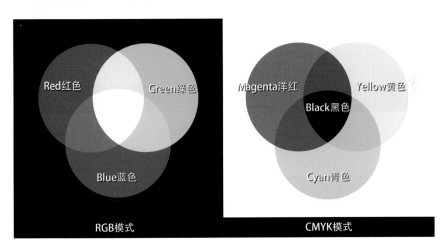

△图3-2-6　RGB模式与CMYK模式原理对比图

（3）色彩深度

色彩深度指构成一个数字图像的色彩层次数量等级，通常这个级别有"8Bits""16Bits""24Bits"等，我们称之为色彩的"位数"。8Bits是1670万色，一般情况下，对于1670万色的色深，人的肉眼已经很难辨别出数字化图像与现实影像的差别；24Bits色即R、G、B三通道各8Bits的颜色数量，我们习惯称之为"真彩"色，在这个位元下人的肉眼已经无法分辨其与现实影像的区别，在某些特别的情况下，我们还需要更高位元的色彩深度来制作数字化图像。需要注意的是，

"色深"不是指色彩种类的数量，而是指所能显示出的色彩级别的数量台阶，我们可以将其理解为构成一个平滑渐变的色彩数量等级（图3-2-7）。

高色深级别

低色深级别

◎ 图3-2-7　高低色彩深度级别对比示意图

（4）色相

色相，简单地解释就是不同色彩的样貌，如赤、橙、黄、绿、青、蓝、紫……这些丰富的色彩都是由RGB三原色混合而成的。色相决定了我们从视觉上对颜色的定性，如"这是红色""这是紫色""这是天蓝色"等。如果我们要去创作一幅绘画作品或是设计一个图案，我们首先要定义的就是色相这个基本元素（图3-2-8）。

色相

◎ 图3-2-8　不同色相示意图

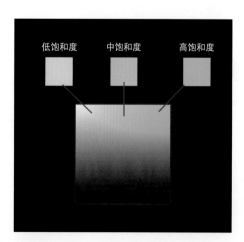

低饱和度　中饱和度　高饱和度

◎ 图3-2-9　不同饱和度级别示意图

（5）饱和度

饱和度所定义的是色彩的纯度，也就是色彩的浓度或是鲜艳程度。某一种色相下的色彩饱和度越高，色彩越纯，相反则色彩越偏向灰色（图3-2-9）。对饱和度的控制是绘画和设计中非常重要的一个环节，过于鲜艳的色彩会给人的视觉造成强烈的刺激感，因此处理好色彩的饱和度，善用"灰色"是画家和设计师进行配色时需要反复思考的重要问题之一。

（6）明度与对比度

明度指色彩给人的明暗感受，也就是人对色彩深或浅的感受。在数字色彩中，明暗的变化源于某一种色彩中黑色的数量，黑色越多，那么色彩就越"暗"，反之则色彩越"亮"。我们可以从图3-2-10中观察色彩的明暗变化。对比度指的是构成一幅完整画面中的暗色与亮色的比率关系，比如一张照片中画面阴影和深色区域的色彩与亮部色彩之间的反差越大，那么我们可以理解为画面的对比度越高，画面层次就越分明；如果一幅图像暗色与亮色之间的反差很小，那么我们可以理解为画面的对比度很弱，画面的层次感不分明（图3-2-11）。需要注意的是，这里关于对比度的描述并没有褒义和贬义之分，对比度的处理是一个艺术审美需求的问题，我们需要根据不同的设计诉求来控制对比度的强弱变化。

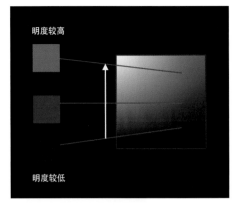

◎图3-2-10　色彩明度变化示意图

◎图3-2-11　不同对比度效果比较

（7）色彩与数值

在数字色彩世界，每一种色彩背后都对应着一组数值，通常情况下设计师们习惯应用RGB数值来标记它，比如"纯白色"的RGB值分别为255、255、255，"纯黑色"的RGB值分别为0、0、0，每一种色相、饱和度或明度不同的色彩的RGB数值都不尽相同（图3-2-12）。我们可以通过记录下某一个色彩的RGB数值来准确地还原它，这也是数字色彩的优势，尤其在一些需要准确的色彩数据记录的设计和勘探活动中，这一功能非常重要。

⬥ 图3-2-12　RGB数值为230、159、162的粉红色示意图

（8）HDRI色彩

在常规的图像格式中，RGB色彩的数值是在0至255之间，也就是构成一幅图像的最"亮"的色彩就是255对应的纯白色，最"暗"的色彩就是0对应的纯黑色，这个色彩区间的图像我们称之为低动态范围图像；在某些情况下，我们需要让图像带有更高能级的色彩区间，这样的图像我们称之为HDRI（高动态范围图像）。高动态范围图像的最亮色彩级别可以打破常规255数值的上限，通常为32Bits的色彩深度，因此这种图像可以自由地在各色彩级别间转换。在摄影领域，我们常使用HDRI色彩格式来保存不同曝光度的色彩信息到同一张图像中，方便后期的调整与合成（图3-2-13）；在三维设计领域高动态范围图像可以储存光照能量信息，因此这种图像常用于三维场景的照明布光，以此获得和现实一致的光照效果（图3-2-14）。

⬥ 图3-2-13　高动态范围图像切换
　　不同曝光模式的示意图

⬥ 图3-2-14　HDRI在三维图像制作中
　　的照明作用示意图

（9）色温与冷暖色

色温是摄影、绘画以及设计领域经常谈到的一个概念。在物理学中，色温是指依据颜色来辨别温度高低的一个概念；在现实世界中，色温高的色彩通常显示为偏向蓝色的色彩，而偏向红色则属于温度较低的色彩（图3-2-15）。

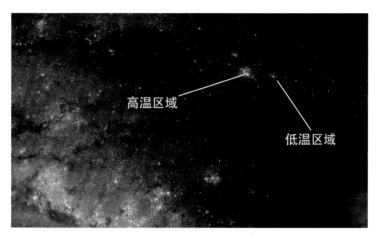

⬦ 图3-2-15　宇宙中观测到的高温与低温区域示意图

在艺术设计或绘画中，我们一般不按照物理方式来看待色温这个概念，而是习惯使用"联想"的方式来看待色温的高低，如红色和橘黄色容易让人联想到火焰、岩浆等画面，人的内心也会有暖洋洋的感受；蓝色和白色容易让人联想到冰雪或蓝天的画面，从而产生凉爽的感受，在这样的"感性"体会下，对于色彩的设计和运用，我们通常会以"冷暖色"来进行区分和配色（图3-2-16）。

⬦ 图3-2-16　冷暖色感受对比示意图

在色彩的设计和运用中，绝对的冷暖对比是从色相上来进行区分的，我们称之为"反色"效应，如纯红色的反色是纯蓝色，纯绿色的反色是纯紫色，等等。绝对色相上的反色对比效果会使观者产生强烈的色彩刺激感受，运用不当会使人产生过于刺激的视觉体验而感到不适。在艺术设计和绘画中，我们一般不会使用过于强烈的冷暖对比来进行配色，但是在某些视觉设计过程中，适当地运用"极致反差"效应却又能达到很好的艺术表现效果，只有反复试验和积累这类型的配色经验才能很好地驾驭绝对反差色的运用（图3-2-17）。

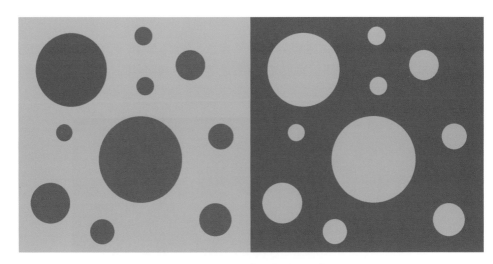

⚬图3-2-17　高纯度反色对比示意图

　　在常规的艺术设计或绘画中，专业设计师或画家非常注重灰色的运用，也就是饱和度较低的色彩的运用。带有灰阶的色彩不会像纯色那样因产生高反差的对比色而引起人观感上的不适，同时有深浅过渡层次的色彩可以产生明度和色相上微妙的冷暖色对比，会让人产生层次感丰富的柔和视觉体验，这是日常设计、摄影和绘画中经常遵循的色彩搭配原则之一（图3-2-18）。

⚬图3-2-18　灰度色阶下色彩之间的对比变得柔和

3.2.3　色彩影响因素

（1）环境色

　　现实中的色彩大部分情况下都处于某些特定的环境中，如天空下、城市街道中、家或办公室里、森林里……因此我们平时真正看到的色彩实际上都不是物体的固有色，因为光线充满了整个世界，无论是直射光还是漫反射的环境光都带有大量的色彩信息，环境色对固有色的影响改变了物体呈现出的色相和饱和度，因此我们在特定环境下观察到的都不是纯粹的事物本色。无论是在设计配色还是绘画用色中我们都需要充分地考虑环境光照因素，才能更好地掌握色彩的运用规律（图3-2-19）。这也是现实中的色彩具有的重要特征之一。

○ 图3-2-19　不同环境光照影响下的苹果色彩变化

（2）色彩与时间

在常规配色设计、绘画等过程中，我们除了需要考虑环境因素外，还要考虑色彩的时间性因素，比如一天从早到晚天空色彩的变化。由于太阳一天24小时入射地球的角度不同，导致空气与云彩受光的影响产生了不同色彩氛围的变化，然后再将这样的环境色散布到我们所能看到的室外物体上，因此很多时候我们看到的色彩是根据天色的变化而变化的，包括天空色本身。在进行这类色彩设计的过程中，需要充分地考虑时间因素，这样才能在色彩设计或绘画中创作出具有"现实感"的色彩搭配。具体可参考以下图例，图3-2-20是早晨9点左右的天空色彩构成，整体偏饱和度较高的冷色调；图3-2-21是中午12点左右的天色，整体呈现出高对比度的冷色调，饱和度较早晨更高，整体色温感也更冷；图3-2-22是下午4点左右的天色，不再像早晨和正午那样冰冷，整体呈现出饱和度和明度下降趋势，给人以暖和起来的感受；图3-2-23是傍晚时的天色，色彩整体的饱和度、明度都较下午更低，而且由于阳光的入射角度小，色相上出现了暖黄色的变化，给人以非常温暖的整体感受；图3-2-24是夜晚时的天色，缺少太阳的直接照射，整体色彩以蓝调天空光为主色，呈现阴冷氛围。

○ 图3-2-20　早晨整体偏饱和度较高的冷色调

◔ 图3-2-21　中午整体呈现出
高对比度的冷色调

◔ 图3-2-22　下午整体呈现出
饱和度和明度下降趋势

◔ 图3-2-23　傍晚时色彩整体的饱和度
和明度更低

◔ 图3-2-24　夜晚整体明度下降，
呈现阴冷氛围

（3）色彩与空间

　　色彩在空间内所呈现的变化是非常多样化的，空间一般指室外的自然环境或者城市空间等，同时还有洞穴或是人造的室内空间等。我们在之前的内容中已经提到过，色彩在室外空间会受到环境色的影响，除此之外，色彩在较大的室外空间还会受到空气的影响，由于空气密度以及尘埃浓度等的影响，受光照射的空气本身也属于发光物质，它会在视觉上对较远距离的物体产生遮挡效应，因此远处的物体会给人以"灰蒙蒙"的感受，这样就形成了色彩在空间上的"层次感"。通常情况下，在室外空间距离人眼越远的物体饱和度越低，对比度也越低，同时空气色的影响会越强烈；距离人眼越近的物体饱和度越高，对比度也越高（图3-2-25）。在配色设计过程中，我们可以通过色彩的饱和度以及明暗来让色彩产生空间上的距离感（图3-2-26）。

◔图3-2-25　室外自然环境中的空间色彩分布示意图

◔图3-2-26　色彩平面化处理后看到的空间分布状态

对于室内空间的色彩，需要充分考虑室内灯光照明的色彩影响，同时室内物体间的色彩也会在受光情况下相互扩散，因此室内空间的色彩相互之间的关系会比较复杂，在配色设计时需要充分考虑光照与物体色彩之间的搭配关系，这样才能获得较为协调的色彩对比关系：如图3-2-27所示的四色（红、绿、黄、白）室内空间在只有天空漫反射照明下的光色变化示意图，可以看到各物体间的色彩相对饱和度高，包括蓝色的天空在内的所有物体间都有色彩之间的传递效应；如图3-2-28所示，在之前空间的基础上增加了阳光的直射后，阳光直射到

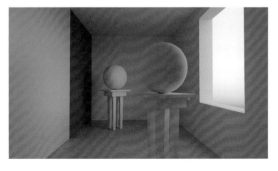

◔图3-2-27　只有天空漫反射照明下的
光色变化示意图

黄色的地面产生了大量的黄色反弹效应，室内空间中的所有色彩都产生了色相混合，物体原本的色彩饱和度都有所降低；如图3-2-29所示的同一空间在室内人工光照情况下的效果示意图，白色的光线还原了物体较高的本色，相比自然光线下的物体，其色彩的纯度更高。

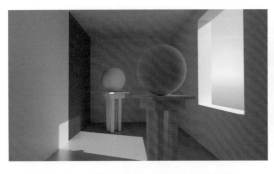

◎图3-2-28　阳光直射地面产生黄色反弹，
色相混合，物体本身色彩饱和度都有所降低

◎图3-2-29　人工光照情况下的空间
光色效果示意图

（4）数字色彩的指定与管理

　　数字化的色彩非常易于提取和管理。在大部分和色彩有关的软件中，我们都可以通过"拾色器"快速地提取需要的色彩进行指定。拾色器的形式也多种多样，有自由选取式、RGB调节式、色彩库预设式等（图3-2-30），便于拾取和存储色彩并对色彩库进行科学管理。

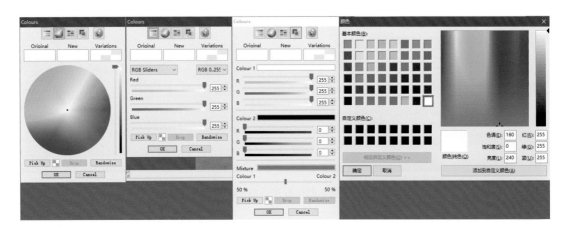

◎图3-2-30　各式各样的"拾色器"示意图

（5）数字色彩的提取与应用

　　通过以上对数字色彩概念的分析与演示，我们对数字色彩有了一个相对全面的认知。那么，在实际的色彩设计过程中，该如何运用这些色彩的特性来进行设计或绘画呢？通常情况下，我们可以通过"提取"色彩来辅助创作。

　　数字图像色彩的提取指将数字图像中的色彩进行简化与整理，将其分类整理归纳为资源库，在设计和绘画时有助于快速地实现色彩的搭配，这是数字化领域常用的一种技术手段。一般情况下，我们可以先收集整理出需要进行色彩转化的图像资源，可以是照片、绘画、视频截图、数字图形，等等，使用Photoshop将这些资源运用"马赛克"滤镜进行色彩的简化，这样就能将图像中的基本色彩构造提取出来，将其纳入资源库来使用（图3-2-31）。

◎ 图3-2-31 用"马赛克"滤镜简化提取照片的色彩后进行平面设计的色彩指定示意图

不只是常规的平面设计领域可以使用这样的方式进行配色，在三维设计中也可以通过这样的色彩转化方式，将数字图像中的色彩用于三维物体的色彩搭配（图3-2-32、图3-2-33）。

◎ 图3-2-32 三维视觉设计中的色彩提取以及应用过程示意图（1）

◎ 图3-2-33 三维视觉设计中的色彩提取以及应用过程示意图（2）

（6）数字色彩的搭配设计

除了可以通过提取数字图像的色彩来进行配色设计之外，还可以通过色彩的色相、饱和度、明度等排序规律来对色彩进行搭配设计。比如将某一个色相的饱和度进行升级或是降级排列来组合出一种色彩的搭配方案，同时配上一个具有反色效果的色彩作为反差对比的色彩，这样就能产生有规律但是又有对比变化的配色效果（图3-2-34）。

同样的，在饱和度的基础上加入明度的升级或降级变化，可以让色彩在饱和度的节奏变化中再体现出明度的变化，让色彩更具有层次感（图3-2-35）。

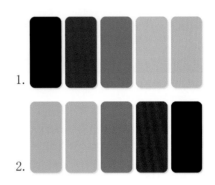

⬥图3-2-34　反色相搭配饱和度升级
或者降级色彩产生规律的色彩变化

⬥图3-2-35　饱和度升降级排列并加入
明度变化产生更多的变化

按照以上规律，再次增大色彩间的过渡层级数量，这样可以获得非常微妙的色彩层次对比，给人以丰富的色彩视觉体验（图3-2-36）。

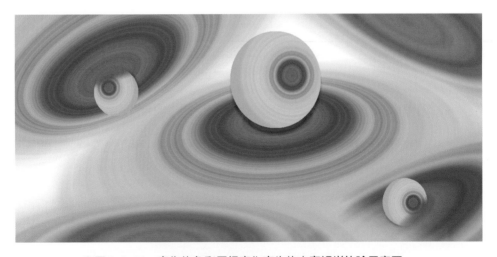

⬥图3-2-36　密集的色彩层级变化产生的丰富视觉体验示意图

通过以上对数字色彩的介绍，我们对它应该有了一个较为完整的认知。数字世界中的色彩是通过模拟的方式来描述现实世界中的颜色的，但是数字化以后我们可以非常方便地对它进行采集、管理、提取和应用。需要注意的是，数字色彩的搭配与设计需要在充分理解它的基础上进行，配色的方式并没有完全绝对化的标准，需要自己进行不断的实践与实验来总结经验。

3.3 视觉界面（UI）设计

UI设计是User Interface（用户界面）的简称，是指对软件的人机交互、操作逻辑、界面美观的整体设计。UI可以看作是用户体验的一部分，是用户对软件最直观的感受。好的UI设计不仅让软件变得个性、有品位，还会让软件的操作更加舒适、直观、简单，便于用户形成符号记忆，方便用户的操作行为快速达成。

随着硬件的发展，UI设计的应用也变得越发广泛，从最开始PC端的网页与软件，到现在移动端的网页与应用，再到各类交互设备、游戏。每个领域都有各自的行业规范和表现诉求，设计思路与制作要求也各有侧重。随着交互设计的越发成熟，用户对于交互产品的包容度也越来越低。记得有一次和朋友讨论，"是选择滴滴还是选择某某打车应用"的时候，朋友给出了一个非常直接的答案，"某某的界面不好看"，UI设计的重要性可见一斑。

3.3.1 视觉界面（UI）版式设计的原理

（1）界面构成要素

由于媒介的改变，与传统物料媒介相比，界面的构成要素从文字、图片扩展为文字、图片、声音、视频、图标等。

文字作为传递信息最直接且准确的工具，是其他界面元素无法取代的，具有所占空间小，更易下载，传播速度快及信息获取准确等优势。UI中文字以标题、信息、文本、文字链接的形式存在。文字在界面中所占比重较大，并且是信息的重要载体，它的大小、字体、颜色和排布对整个页面的视觉感受影响极大。

很多初学者在刚开始上手UI设计的时候，对于文字最为头痛的就是字号的选择。在物料上，为了表现特定的效果，传递特殊的气质，字号的选择相对自由，设计师可以根据需求自主发挥。但是在屏幕上就会受一定的限制，屏幕的物理尺寸有限，可谓"寸金寸土"，频繁地翻页会增加用户使用的成本，过小的文字又会带来观看上的不适。字号选择可以参考图3-3-1。注意，同时使用过多的字体尺寸会很容易毁掉页面整体布局，导致页面不统一。排版中，字体是包含了个体字体的多种尺寸，它们成为一个合集，便于使用时能够更好地切换且适应布局结构。

12px	说明、注释、角标（中文最小字）
14px	更多、标签、注释、日期等文字
16px	副标题、筛选
18px	列表标题、功能入口标题、常用字号
20px	三级标题
22px	二级标题
28px	一级标题
34px	大标题、导航主标题

⬤ 图3-3-1 UI设计中字号的选择

● 图3-3-2 华为Mate 30 Pro
淘宝购物车界面字体使用总结

随着硬件的迭代升级，以及市场需求的变化，字号选择也会做相应的调整，很多时候需要UI设计师通过经验来判断字号的选用，并通过向主流应用界面的设计学习来提升自己。我们可以利用Photoshop、Illustrator等软件快速计算出参考界面的字体排版规则（图3-3-2）。

对于字体的选择，有衬线体和非衬线体两类。"衬线"指的是字形笔画在首尾的装饰和笔画的粗细不同，有衬线的字体叫做衬线体，没有衬线的字体叫做非衬线体。例如，宋体就是衬线体，黑体就是非衬线体（图3-3-3）。

衬线体在笔画始末的地方有额外的装饰，且笔画的粗细会因直横的不同而有所区别，可以强调出字母笔画的走势及前后联系，使得前后文有更好的连续性。在大段落的文章中，衬线部分形成了一定的视觉信息，更容易被识别，所以更适合用于大面积的阅读性文字，另外，衬线体笔画纤细、留空较多，在大面积使用黑色排列时，页面偏灰，对比度小，更适合长时间阅读，因而适合作为正文字体。而非衬线体笔画粗细基本一致，结构方正，大面积排列时容易带来字母辨识的困扰，常会有来回重读及上下行错乱的情形，另外，非衬线体笔画厚重、留空较少，在大面积使用黑色排列时，页面偏深，对比度大，容易引起视觉疲劳，但因为没有装饰的存在，非衬线体更加简洁、整齐、醒目，更适合用在标题之类需要醒目且不被长时间阅读的地方（图3-3-4）。

交互设计
interactive

宋体　衬线体

交互设计
interactive

微软雅黑　非衬线体

● 图3-3-3　衬线体和非衬线体

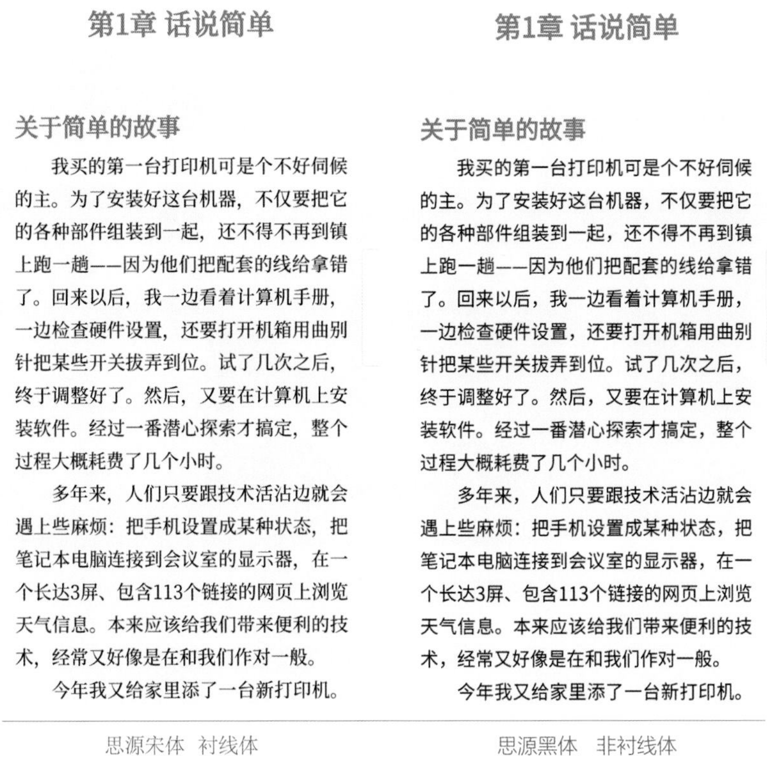

第1章 话说简单

关于简单的故事

我买的第一台打印机可是个不好伺候的主。为了安装好这台机器，不仅要把它的各种部件组装到一起，还不得不再到镇上跑一趟——因为他们把配套的线给拿错了。回来以后，我一边看着计算机手册，一边检查硬件设置，还要打开机箱用曲别针把某些开关拔弄到位。试了几次之后，终于调整好了。然后，又要在计算机上安装软件。经过一番潜心探索才搞定，整个过程大概耗费了几个小时。

多年来，人们只要跟技术活沾边就会遇上些麻烦：把手机设置成某种状态，把笔记本电脑连接到会议室的显示器，在一个长达3屏、包含113个链接的网页上浏览天气信息。本来应该给我们带来便利的技术，经常又好像是在和我们作对一般。

今年我又给家里添了一台新打印机。

第1章 话说简单

关于简单的故事

我买的第一台打印机可是个不好伺候的主。为了安装好这台机器，不仅要把它的各种部件组装到一起，还不得不再到镇上跑一趟——因为他们把配套的线给拿错了。回来以后，我一边看着计算机手册，一边检查硬件设置，还要打开机箱用曲别针把某些开关拔弄到位。试了几次之后，终于调整好了。然后，又要在计算机上安装软件。经过一番潜心探索才搞定，整个过程大概耗费了几个小时。

多年来，人们只要跟技术活沾边就会遇上些麻烦：把手机设置成某种状态，把笔记本电脑连接到会议室的显示器，在一个长达3屏、包含113个链接的网页上浏览天气信息。本来应该给我们带来便利的技术，经常又好像是在和我们作对一般。

今年我又给家里添了一台新打印机。

思源宋体 衬线体　　　　思源黑体 非衬线体

▲图3-3-4　微信阅读衬线字体和非衬线字体对比

以上说法并不绝对，对于用户而言“萝卜青菜各有所爱”，最好的解决方案就是交由用户选择，如微信阅读所做的一样（图3-3-5）。

图片与视频。早期的交互处在文字时代，之后发展为读图时代，现在我们正处在一个视频时代。交互设计中包含的图片格式一般有jpg、gif、png和bmp等，很多时候图片占据了页面的大部分，甚至是全部；视频格式一般以MP4为主。图片、视频一般用于信息展示以及烘托气氛，能够更好地引起用户注意，并激发用户的阅读兴趣。合理运用图片和视频能更好地完成信息传递，可以生动、直观、形象地表现设计主题。

以图片为标题和链接可以使交互设计具有更好的视觉效果，增强界面与应用的形象性与气质渲染。图片有两种形式——主图和背景图。主图是整个页面的视觉中心，相比文字信息，传递更加直接，也可以为页面增添活力；背景图用来衬托页面，增加页面的层次感（图3-3-6）。

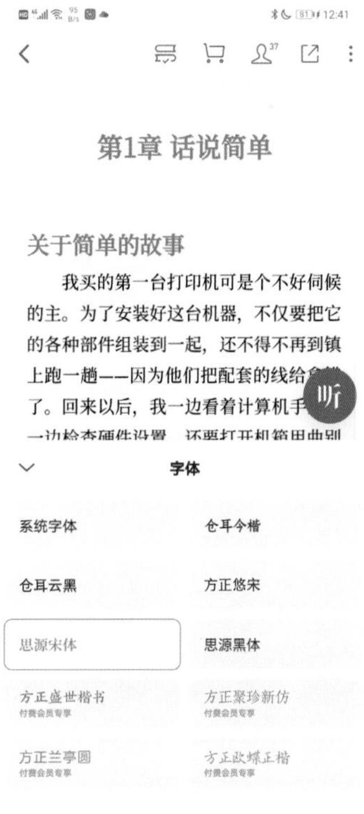
12:41
第1章 话说简单
关于简单的故事
我买的第一台打印机可是个不好伺候
的主。为了安装好这台机器，不仅要把它
的各种部件组装到一起，还不得不再到镇
听
字体
系统字体
仓耳今楷
仓耳云黑
方正悠宋
思源宋体
思源黑体
方正盛世楷书
方正聚珍新仿
方正兰亭圆
方正欧楷正楷

▲图3-3-5　微信阅读字体选择功能

● 图3-3-6　淘宝店铺主页

　　图标（icon）可以看作是图片的一种形式，之所以将其单列，是因为现在图标设计在UI设计中所占的比重越来越大，甚至可以单独成书。图标可以分为三类：入口图标（图3-3-7）、导航图标（图3-3-8）、语义图标（图3-3-9）。入口图标是产品功能的体现，也是传递品牌特色的要素，可以让用户快速获取信息、完成操作，并对产品有一定的认知，如桌面应用图标，应用首页当中的各

● 图3-3-7　华为桌面　　　　● 图3-3-8　58同城主页　　　　● 图3-3-9　菜鸟裹裹

　　入口图标　　　　　　　入口图标与导航图标　　　　　　语义图标

个栏目的入口图标；导航图标用于引导用户完成操作，传递功能信息，标定按钮热区；语义图标主要向用户传递信息，烘托信息气氛，引导用户预览信息。

图标设计需要设计三个层面，即信息层、表现层、操作层。好的图标要直观地传递信息，这是一个图形创意的过程，在没有文字说明的情况下，让用户也能知道该图标可以实现什么样的功能；好的图标要有自己的风格，图标可以看作是产品的脸面，甚至决定了产品的下载量，大的风格分类有两种，即拟物风和扁平风；好的图标要有统一性，包括表现手法的统一、风格的统一、元素的统一。图3-3-10展示了图标的设计思路，同样也可以作为图标设计成败的验证方法。

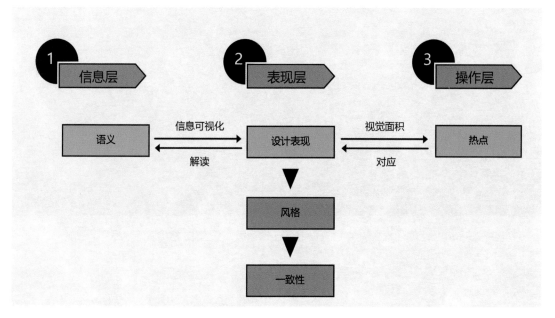

⬥图3-3-10 图标设计方法

语义。在设计图标时最先要思考的是图标背后传递的意思，要考虑转化为图形后的可识别性与可解读性，尽量不要产生歧义，要基于用户对事物的基本认知，并且要找到最优解，要让用户快速获取信息，不能增加用户获取信息的成本。

设计表现。图标的设计表现比较多样，一般有两种风格：拟物化与扁平化。拟物化图标语义传达更加直接，获取信息成本更低，识别性较高；缺点在于绘制成本较高、工作量大，用色较多，组合排列容易引起页面混乱。扁平化图标语义传达较弱，获取信息需要记忆时间；优点在于绘制成本低，便于界面视觉秩序的统一。在设计表现时，图标应该传递产品背后的定位与企业价值，能够凸显产品定位，把图标看成与用户建立关系的第一步，能够有自身的个性化体现。

一致性。一致性可以从两个方面达成：理念与操作。理念的一致性表现为图标所表现的情绪统一，可以尝试为图标添加同一种元素；操作的一致性表现在制作图标时，圆角、透明度、线条粗细、间距、颜色、层次、细节处理一致。一致性可以看作是为图标定义基因，不论外表如何变化，单从其特征总能够看出是"亲生"关系（图3-3-11、图3-3-12）。

⬟图3-3-11　云南艺术学院学生作品/作者：朱家贤，罗甜甜/指导教师：万凡，卢斌

⬟图3-3-12　云南艺术学院学生作品/作者：佚名/指导教师：刘恩鹏

（2）版式设计原则

　　版式设计就是将各个元件组合放在页面中，本质就是使每个元件都能放在合适的地方。版式设计的作用是优化可读性、可访问性、可用性、整体元件的平衡性。视觉设计师往往喜欢将精力放在做一套精美的图标、画一组漂亮的按钮、Ps一张震撼的图片上，而忽视了版式设计的重要性。

　　在界面布局中有效地使用空间有助于提高可读性，响应反馈，并将读者吸引到屏幕上最重要的部分。在好的界面设计中，用户的行为是被定义的，设计师希望用户首先捕捉到哪些信息，然后再去关注哪些信息，在哪个地方停留的时间长一点，这些都是可以通过版式设计的手段实现的。借助一些设备，我们可以采集用户的眼动数据，用作界面版式设计的测试与数据积累，精准反馈用户体验行为，指导界面设计的更新迭代，也方便进行不同类型产品的开发。Tobii眼动仪是一款可以准确记录用户视线位置、视觉运动轨迹的设备，用户可以在自然的状态、无干扰的环境下完成测试，从而得到稳定、真实、准确的视觉数据（图3-3-13）。

◔图3-3-13　Tobii眼动仪

（3）正确完成界面版式设计

界面版式与空间构图。空间是视觉设计语言的一个重要方面，当然颜色、类型和图像也同样重要，空间可以帮助设计师为眼睛创造呼吸空间，并使用户有欲望停留在页面上，还可用以强调重要的内容。界面中的空间指的是接近和留白。接近源于**格式塔理论**，指的是用户界面布局中的邻近度，我们会认为屏幕界面中彼此靠近的对象是相互关联的，更容易被用户看作是一个整体。通常，设计师利用元素的相近程度来区分元件组，并为界面元素创建子层级关系。"接近"是界面设计中的重要原则，在界面版式设计中熟练使用会帮助用户熟悉同类功能并完成交互动作（图3-3-14）。

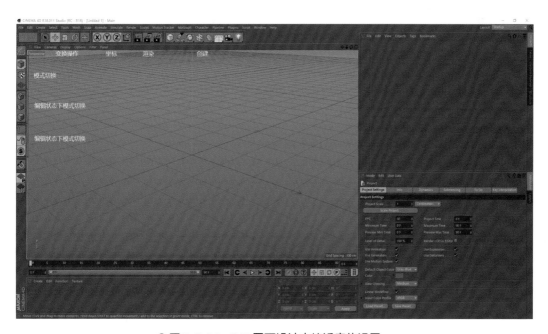

◔图3-3-14　C4D界面设计中接近度的运用

留白是界面当中各元素之间的空间，充分利用留白有助于使整体界面更加整洁，可以帮助用户专注于重要元素，使其更轻松地阅读内容（图3-3-15）。所有的屏幕都是可以连续滚动的，界面当中元素多少与是否可以留白并无关系，合理的布局才是关键。

○ 图3-3-15　EMUI与Smartisan OS界面对比

界面布局的整体协调性。UI设计师在设计界面时，需严格执行对齐操作。在屏幕世界中，任何随意的错位都会引起用户的极大不适。

视觉层次结构。视觉层次结构是用户处理信息的顺序，设计师需要注意视觉层次结构，以确保用户能够轻松找到和理解信息。当界面设计缺乏视觉层次结构时，就有可能失去用户的注意力。在构建层次感时，可以运用以下技巧：

邻近度——放置相关元素（可以是语义图标），有助于连接内容，引导用户阅读；

空格——适当数量的空格有助于突出显示重要内容；

大小——较大的界面元素更容易引起注意；

颜色——鲜艳的色彩比柔和的色彩抢眼；

对比——用户易被更明亮的元素所吸引；

对齐——使创建的内容更清晰，更具有视觉吸引力；

重复——重复创建一致性元素，有助于将元素绑定在一起。

总而言之，在界面版式设计中，对视觉体验感的评价源于用户使用的真实反馈。正如"Tuts+"的前编辑布兰顿·琼斯（Brandon Jones）曾说过的："良好的视觉层次结构与疯狂的图形或最新的Photoshop滤镜无关，而在于用一种对日常站点访问者可用、可访问且合乎逻辑的方式组织信息。"

3.3.2 友好且人性化的界面（UI）设计

　　用户界面是软件产品的关键部分。当它被设计得很好时，用户甚至不会注意到它。当它被设计得不好时，用户无法通过它有效地使用产品。

　　友好且人性化的界面需满足以下几方面。

（1）便于用户控制界面

　　良好的用户界面赋予用户一种控制感。保持用户的控制感会使他们感到舒适，使用户行为可逆。这个规则意味着用户应该总是能够快速地回溯他们正在做的任何事情。这使得用户可以在不担心失败的情况下探索产品（图3-3-16）。

⬡图3-3-16　EMUI桌面和壁纸界面

（2）易于导航

　　导航是页面结构和界面设计的灵魂部分，它不只是起到一个引导作用，还是一款App的核心功能展示，所以导航应足够清晰且简洁易懂。人性化的导航功能通常都会根据用户所提供的关键词信息或位置进行行为预测，通过视觉提示提醒用户，允许用户在经过产品界面时提供参照点，轻松浏览界面（图3-3-17）。导航存在的价值是不让用户产生"接下来我该怎么办"类似的疑问，所以预测用户行为结果后进行引导提示，是其核心价值（图3-3-18）。

⬡图3-3-17　今日头条界面

○图3-3-18　瑞幸咖啡购物车界面

（3）提供信息反馈

反馈通常与操作相对应，对于每个用户操作，系统都应该显示出有意义的、清晰的反馈。界面设计应该考虑交互的本质。对于频繁的行动，反馈应当是及时的。例如，当用户与交互对象（如按钮）交互时，必须提供一些指示，表明操作已被确认或提醒用户确认（图3-3-19）。

○图3-3-19　百度执行退出操作界面

（4）显示系统状态的可见性

用户需要知道系统在干什么。当用户启动一个需要一段时间才能完成的操作时，系统状态的可见性是必不可少的。进度条、Loading页的使用是界面设计中容易被忽视的部分，但它对用户的使用体验有巨大的影响。

（5）适应不同技能水平的用户

不同技能水平的用户应该能够与不同级别的产品进行交互。在界面设计中，不要为了新手或临时用户的使用而牺牲专家用户。相反，尝试为一组不同用户的需求进行设计，添加像教程和解释这样的特性对于新手用户来说是非常有帮助的（只要确保有经验的用户能够跳过这一部分）。

（6）让用户与产品交互更舒适

无关信息会在界面中引起误会，并降低其他元素的相对可见性。界面设计中应删除不直接支持用户任务的不必要元素或内容来简化界面，通过设计界面，使屏幕上显示的所有信息都是有价值和相关的。注意，"少即是多"的原则在界面设计中同样适用。

（7）避免错误与承认错误

好的用户界面设计首先可以防止问题的发生，尝试消除容易出错的条件，或者为界面进行测试，并在用户提交操作之前向他们提供一个确认对话框（图3-3-20）。

错误不可避免，当错误发生时应当尽力安抚用户情绪，如著名的404页面（图3-3-21）。

（8）减少认知负荷

认知负荷是指使用一种产品所需的心理加工能力，很多时候需要用户在完成操作时进行手上操作或心理运算。例如，设计手机拨号界面时，采用数字分组分割的方式，可以让用户快速识别数位，减少心理加工量（图3-3-22）。

（9）使用户界面保持一致

一致性是良好界面的基本属性。这一属性是用户界面实现可用性及可学习性的最重要因素之一。这一属性就如本书的1.4.5中所提到的那个问题——"交互产品体验感越来越趋同究竟是好还是坏"。这里的"一致性"即同类型产品之间在某些功能、界面设计及操作流程方面都存在一种"默契"，以便于让用户轻松地应用这一类型的交互软件。这里需要强调的是视觉的一致性及功能的一致性。

（10）符合用户期望

人们对他们使用的应用/网站有一定的期望。在界面设计中，不要试图重新创造模式，对于大多数设计问题，解决方案早已存在并被用户认知，设计师要做的是尽可能地去学习。打破规则、天马行空的设计容易引起用户的不适，增加其学习成本；符合用户期望的设计才能更好地留住用户。

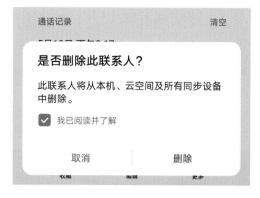

◯ 图3-3-20　EMUI删除联系人界面

◯ 图3-3-21　QQ浏览器404页面

12 345 678 901

◯ 图3-3-22　EMUI拨号界面

3.3.3　移动端界面（UI）设计规则

为确保应用的品质，苹果与安卓都制定了人机界面准则，其中苹果的准则更加严格。下面我们对iOS界面设计规范展开讨论。

（1）图像尺寸与分辨率

iOS用于在屏幕上放置内容的坐标系是以点为单位的，这些点在显示器中被称为像素。标准分辨率的显示器具有1：1像素密度（或@1×），其中一个像素等于一个点。高分辨率显示器具有更高的像素密度，提供2.0或3.0的比例因子（称为@2×和@3×），因而高分辨率显示器需要具有更多像素的图像（图3-3-23）。

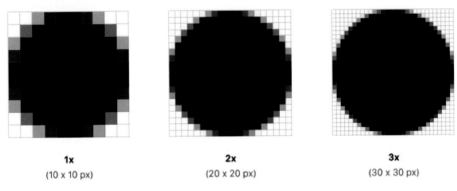

1x	2x	3x
(10 x 10 px)	(20 x 20 px)	(30 x 30 px)

⬣图3-3-23　清晰度对比（苹果官方）

假设有一个100px×100px的标准分辨率（@1×）图像。此图像的@2×版本将为200px×200px，@3x版本将为300px×300px。

根据设备的不同，可以通过将每个图像中的像素数乘以特定的比例因子来完成此操作（图3-3-24）。

Device	Scale Factor
12.9" iPad Pro	@2x
11" iPad Pro	@2x
10.5" iPad Pro	@2x
9.7" iPad	@2x
7.9" iPad mini 4	@2x
iPhone Xs Max	@3x
iPhone Xs	@3x
iPhone XR	@2x
iPhone X	@3x
iPhone 8 Plus	@3x
iPhone 8	@2x
iPhone 7 Plus	@3x
iPhone 7	@2x
iPhone 6s Plus	@3x
iPhone 6s	@2x
iPhone SE	@2x

⬣图3-3-24　不同设备下的比例因子（苹果官方）

（2）App图标

苹果官方给出了App图标的设计建议：

简单；

有视觉焦点；

识别性高；

背景单纯且不可透明；

除Logo外谨慎使用文字；

不要包含照片、贴图和界面元素；

不要使用苹果公司硬件产品形象；

不要在整个界面中放置应用程序图标；

针对不同的壁纸测试图片效果；

保持图标四角方形，系统会自动套入圆角矩形蒙版。

所有应用程序图标应遵守一个规范（图3-3-25）。

属性	值
格式	PNG
色彩空间	sRGB或P3
层数	扁平化，不透明
解析度	变化
形状	没有圆角的正方形

⬥ 图3-3-25　App图标设计规范（苹果官方）

一旦安装了应用程序，每个应用程序都必须提供小图标以供在主屏幕上以及整个系统中使用，以及一个大图标以在App Store中显示（图3-3-26）。

设备/环境	图标尺寸
iPhone	180px × 180px (60pt × 60pt @3x)
	120px × 120px (60pt × 60pt @2x)
iPad Pro	167px × 167px (83.5pt × 83.5pt @2x)
iPad, iPad mini	152px × 152px (76pt × 76pt @2x)
App Store	1024px × 1024px (1024pt × 1024pt @1x)

⬥ 图3-3-26　不同设备下图标尺寸（苹果官方）

（3）自定义图标大小

应用的图标系列在视觉上应保持一致。如果各个图标设计的权重不同，则某些图标可能需要比其他图标稍大才能实现此效果（图3-3-27）。

⬣图3-3-27　自定义图标（苹果官方）

主屏幕应用启动图标大小。标题旁边会显示一个主屏幕快速操作图标。如果需要为主屏幕快速操作创建自定义图标，应使用图3-3-28所示的尺寸。

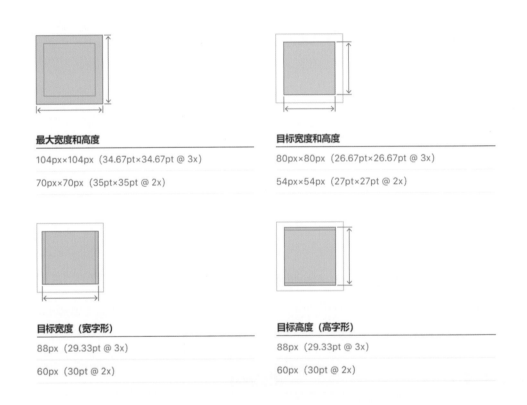

最大宽度和高度

104px×104px（34.67pt×34.67pt @ 3x）

70px×70px（35pt×35pt @ 2x）

目标宽度和高度

80px×80px（26.67pt×26.67pt @ 3x）

54px×54px（27pt×27pt @ 2x）

目标宽度（宽字形）

88px（29.33pt @ 3x）

60px（30pt @ 2x）

目标高度（高字形）

88px（29.33pt @ 3x）

60px（30pt @ 2x）

⬣图3-3-28　主屏幕应用启动图标（苹果官方）

导航栏与工具栏图标大小。自定义导航栏和工具栏图标时，应使用以下尺寸，但可以根据需要进行调整以创建平衡（图3-3-29）。

目标尺寸	**最大尺寸**
72px×72px（24pt×24pt @ 3x）	84px×84px（28pt×28pt @ 3x）
48px×48px（24pt×24pt @ 2x）	56px×56px（28pt×28pt @ 2x）

⬣图3-3-29　导航栏与工具栏图标大小（苹果官方）

标签栏图标大小。纵向使用应用时，标签栏图标会在标题上方；横向使用应用时，标签图标和标题并排出现。根据设备和方向，系统会显示常规或紧凑两种模式的标签栏模式（图3-3-30）。

目标宽度和高度（圆形字形）

常规标签栏	紧凑型标签栏
75px×75px （25pt×25pt @ 3x）	54px×54px （18pt×18pt @ 3x）
50px×50px （25pt×25pt @ 2x）	36px×36px （18pt×18pt @ 2x）

目标宽度和高度（方形字形）

常规标签栏	紧凑型标签栏
69px×69px （23pt×23pt @ 3x）	51px×51px （17pt×17pt @ 3x）
46px×46px （23pt×23pt @ 2x）	34px×34px （17pt×17pt @ 2x）

目标宽度（宽字形）

常规标签栏	紧凑型标签栏
93px （31pt @ 3x）	69px （23pt @ 3x）
62px （31pt @ 2x）	46px （23pt @ 2x）

目标高度（高字形）

常规标签栏	紧凑型标签栏
84px （28pt @ 3x）	60px （20pt @ 3x）
56px （28pt @ 2x）	40px （20pt @ 2x）

◆图3-3-30 标签栏图标大小（苹果官方）

（4）栏

导航栏（Nacigation Bars）。导航栏显示在应用程序屏幕的顶部、状态栏下方，允许在一系列界面中进行导航。当显示一个新屏幕时，该栏的左侧会出现一个后退按钮，通常标有上一个屏幕的标题。有时，导航栏的右侧包含一个控件，例如"编辑"或"完成"按钮，用于管理活动视图中的内容。在拆分视图中，导航栏可能会出现在拆分视图的单个窗格中。导航栏是半透明的，可能具有背景色，并且可以配置为一旦键盘出现在屏幕上，且用户做出手势或调整视图大小时隐藏（图3-3-31）。

搜索栏（Search Bars）。搜索栏允许人们通过在字段中键入文本来搜索大量值。搜索栏可以单独显示，也可以显示在导航栏或内容视图中。当显示在导航栏中时，可以将搜索栏固定在导航栏上，以便始终可以访问它，也可以将其折叠起来，直到用户向下滑动再显示出来为止（图3-3-32）。

◆图3-3-31　导航栏（苹果官方）

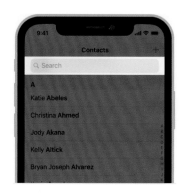

◆图3-3-32　搜索栏（苹果官方）

状态栏（Status Bars）。状态栏出现在屏幕的上边缘，并显示有关设备当前状态的有用信息，例如时间、移动网络和电池电量。状态栏中显示的实际信息取决于设备和系统配置。一般推荐使用系统提供的状态栏，因为用户期望状态栏在系统范围内保持一致，不建议用自定义状态栏替换它（图3-3-33）。

标签栏（Tab Bars）。标签栏出现在应用程序屏幕的底部，并提供了在应用程序的不同部分之间快速切换的功能。标签栏是半透明的，可能具有背景色，在所有屏幕方向上都保持相同的高度，并且在显示键盘时被隐藏。标签栏可以包含任意数量的标签，但是可见标签的数量根据设备的大小和方向而变化。如果由于水平空间有限而无法显示某些选项卡，则最后的可见选项卡将变为"更多"选项卡，该选项卡将在单独屏幕上的列表中显示其他选项卡（图3-3-34）。

◆图3-3-33　状态栏（苹果官方）

◆图3-3-34　标签栏（苹果官方）

工具栏（Tool Bars）。工具栏出现在应用程序屏幕的底部，并且包含用于执行与当前视图或其中内容相关的操作的按钮。工具栏是半透明的，可能具有背景色，并且在人们不太可能需要它们时经常隐藏。例如，在Safari中，开始阅读页面时，工具栏会隐藏，因为用户很可能在阅读。用户可以通过点击屏幕底部显示它。当键盘在屏幕上时，工具栏也会被隐藏。

网络上有很多UI设计规范，告诉我们每一个栏目的尺寸规范，很多人喜欢记忆这些数据，其实在原型设计工具中已经将这些尺寸规范内建在软件中了，大家不必刻意关注，主要关注设计本身就好（图3-3-35）。

⬩图3-3-35　工具栏（苹果官方）

第4章 移动端原型设计与应用

4.1 移动端原型设计软件介绍

目前市面上的原型设计软件可谓不胜枚举，各软件的学习成本也都不高，且能够实现的功能基本相同。我们可以按使用环境，将原型设计软件分为两大类：一是用于线下单机制作的原型设计软件，例如Axure RP、Justinmind、Balsamiq Mockups、Mockplus（摹客）、UIDesigner、Origami（仅支持Mac系统）、Framer（需要有一定代码写作能力）等；二是在线操作的原型设计软件，例如MockingBot（墨刀）、xiaopiu、InVision、HotGloo等。

原型设计软件主要面向的使用群体包括产品经理（Product Manager，简称PM）、产品设计师（Product Designers，简称PD）、交互设计师、开发人员、客户执行（Account Executive，简称AE）、运营人员等。

4.2 原型设计软件的选择

可以实现交互原型设计的软件非常多。正如本书第2章所说，从简单易学的入手，软件是工具，其本质在于快速地实现结果。对于初学者而言，用最简单的工具，可以将更多的精力投入到思考与创意实现上。UIDesigner、MockingBot（墨刀）、xiaopiu这几个软件由中国公司开发，更加符合中国人的逻辑，对于初学者而言更加友好，几乎没有学习成本。这里有些重要的建议提供给初学者做参考。

① 选择更高效率的。原型开发过程常常会历经数次的沟通与修改，包括团队之间的沟通修改，也包括与客户之间的沟通与修改，选择自己熟悉的、更加高效的尤为重要。

② 选择协作性高的。交互设计通常需要团队协作完成，团队的沟通协作、文件共享、实时修改、多端演示等功能非常重要，强大的软件写作功能能帮助团队高效快速地推进项目。

③ 根据需求选择软件。原型设计分为两个级别，即低保真模型和高保真模型。低保真模型主要展示交互系统的框架、布局、信息设计与交互逻辑，通常用于团队内部沟通。高保真模型则最大可能地还原交互系统最终效果，包括视觉设计、动画与微交互。

4.3 Justinmind的功能与应用

作为原型设计的引入,这里我们选择Justinmind软件进行零基础学习。图4-3-1是Justinmind制作案例。

Justinmind是由西班牙Justinmind公司出品的原型制作工具,笔者最早接触这款软件是在2015年。与其他同类型的原型制作工具相比,其更加适合高效地完成移动端App应用的原型开发制作工作。Justinmind的可视化程度高,在软件操作过程中用简单的点按、拖拽即可实现想要的效果,并且软件内预制了丰富的资产库,包括控件、UI组件库、交互动效以及各式各样的模板,能够让设计师快速高效地完成Web及移动端App的原型设计工作。

接下来,我们使用Justinmind制作一个产品原型,包含App界面设计的全部要素,如状态栏、标签栏、导航栏等,并能够实现滑动、点按、条件命令等交互功能(图4-3-2)。案例素材包、源文件见本书配套的工程文件包。

◆ 图4-3-1　Justinmind制作案例　　　　◆ 图4-3-2　最终效果

(1) Justinmind安装及启动

安装Justinmind,进行如下操作(图4-3-3)。

◆ 图4-3-3　Justinmind安装步骤

可以选择使用免费版，也可以选择升级软件或者登录其他账号（图4-3-4）。

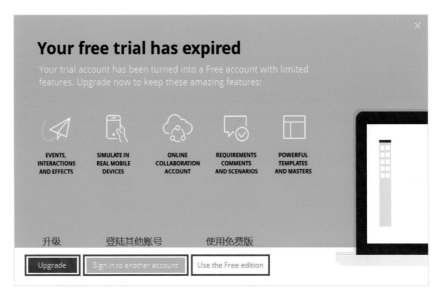

⏷ 图4-3-4　Justinmind 启动界面

具体的启动步骤如下。

Step 1：登录。软件启动后，进入登录界面，可以登录已有账号，或者注册新的账号。Justinmind 为用户提供了免费版，虽然免费版相较于专业版有功能上的删减，但基本可以应对简单的原型设计。相较于免费版，专业版增加了多人协作、网络平台分享、导出交互式 HTML 文件和图片、导入和创建新的部件、允许添加条件事件以及创建真实的数据列表与数据网格（图4-3-5）。

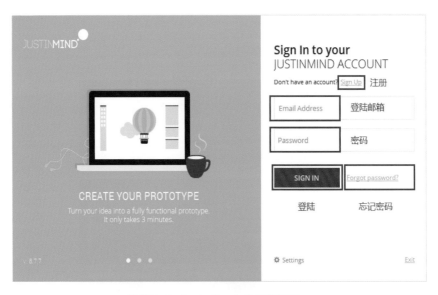

⏷ 图4-3-5　Justinmind 启动界面

Step 2：模式选择。软件提供两种模式（图4-3-6）：初学者模式与专家模式，区别在于初学者模式更加简洁，仅提供基础功能窗口，专家模式功能窗口更加全面。这里建议大家选择专家模式。当然进入软件后，也可以在两种模式中任意切换。

◎图4-3-6　Justinmind模式切换

Step 3：新建项目。模式选择完成后，会弹出一个新的对话框，可以选择新建项目或者是打开已经存档的项目（图4-3-7）。

◎图4-3-7　Justinmind启动界面

创建一个新的项目，Justinmind为我们提供了iOS、Android、Web等各式终端，当然我们也可以根据自己的需求自定义。这里我们选择iPhone6作为终端开始原型设计，Orientation（方向）用于选择终端初始状态是竖置还是横置，点击Finish（完成），开始正式进入Justinmind工作界面（图4-3-8）。

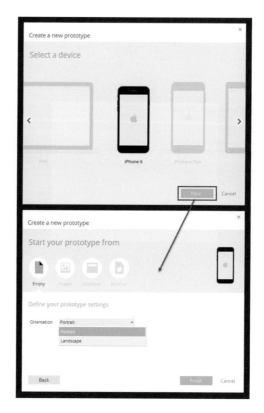

◎ 图4-3-8　根据需求新建项目

（2）Justinmind界面介绍

　　Justinmind界面设计非常简洁，并且模块划分也很清晰，使用者能够方便快速地找到相应的工具和命令，该软件界面共分为5个功能分区（图4-3-9）。

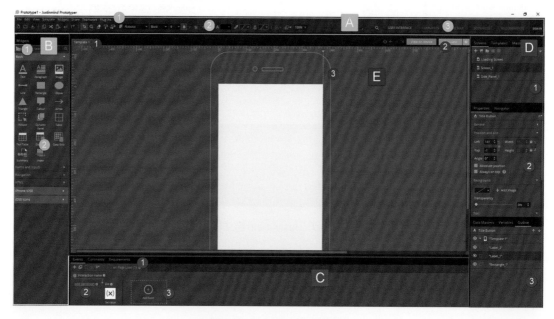

◎ 图4-3-9　Justinmind界面

分区A为菜单栏和工具栏：① 菜单栏，软件所有的功能都包含在这里，包括文件、编辑、视图、预览、元件、共享、团队协作、插件、帮助等一系列功能；② 工具栏，列出了一些常用工具，可以方便我们快速操作软件；③ 搜索和软件模块，包括用户界面、注释、站点地图、场景、需求。

分区B为元件。设计原型时，所有用到的组件就都在这里了，通过拖拽可将各式各样的元件放在页面中：① 管理元件库，可以在元件库中添加或删除元件；② 元件库，Justinmind提供了大量的元件和图标，方便使用者快速实现高保真原型设计。

分区C为事件与信息区。在这里我们设计和定义原型的交互事件，并且可以备注原型作品的相关信息。如图4-3-8所示：① 功能切换，事件、注释、需求；② 交互动作列表；③ 加入新的交互动作。

分区D为原型构架和元件属性区，使用者可以在这里管理原型各级页面，修改元件属性，以及当前页面元件列表：① 屏幕、模板、母版，可以查看原型中所有页面；② 元件属性，修改元件的相关属性；③ 元件目录、数据源、变量，用于管理各元件是否可见，以及调整元件上下叠放关系，数据源与变量选项卡，可以模拟一些特殊的交互效果。

分区E为操作面板，实时展原型设计的内容：① 指导和选项卡，选项卡显示选中的屏幕内容和工具；② 发布原型，点击即可生成并运行原型；③ 标尺，可以帮助设计师测量元件尺寸，完成捕捉、对齐等操作。

（3）状态栏使用

为当前页面创建一个状态栏（因为是原型设计，所以只要模拟出手机状态栏的样子即可）。iPhone6的状态栏高度是40px，这个是由苹果公司为开发者定义的。在Justinmind中，创建的iPhone6模型机分辨率为375px×667px，相较iPhone6的屏幕分辨率750px×1334px缩小了一半，这样做的目的是更好地完成预览以及方便应对后期开发时与市面上不同种类手机屏幕分辨率的适配。因此，在原型设计中，状态栏的高度也要相应地缩小一半，即20px（图4-3-10）。

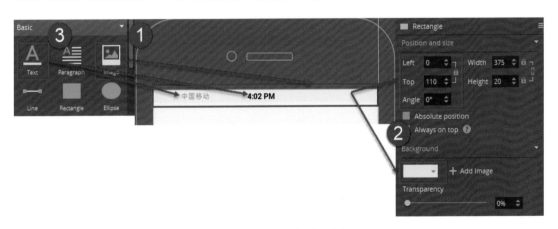

◢图4-3-10 状态栏界面介绍

Step 1：在元件库中找到Rectangle（矩形），拖拽到样机屏幕顶部，模拟状态栏→在Propertics（元件属性）面板中修改Rectangle（矩形）元件Position and size（大小、位置）与Background（颜色）属性→将Text（文本标签）拖拽到状态栏，双击编辑文本信息，并在Propertics（元件属性）面板中修改字体大小、字体类型、位置等相关信息。

Step 2：状态栏界面制作。在状态栏加入信号、蓝牙、电池等相关图标。这些元件可以在

Justinmind元件库中找到（也可以替换自己所绘制的图标），Justinmind支持多种图片格式的图标插入，这里建议大家使用SVG格式，方便修改以及后期应用（图4-3-11）。

🔺图4-3-11　状态栏界面制作

Step 3：使用Statusbar（状态栏）元件。如果不需要对状态栏做特殊设计，可以直接调用元件库中Statusbar（状态栏）元件，以提高原型设计效率（图4-3-12）。

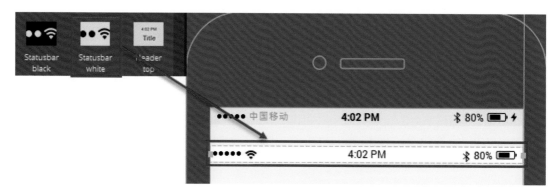

🔺图4-3-12　Statusbar（状态栏）元件

（4）导航栏制作

Step 1：创建导航栏。iPhone6的导航栏高度是88px，同样我们也需要缩小一半，先绘制一个Rectangle（矩形），调整大小为Width（宽度）375、Height（高度）44（图4-3-13）。

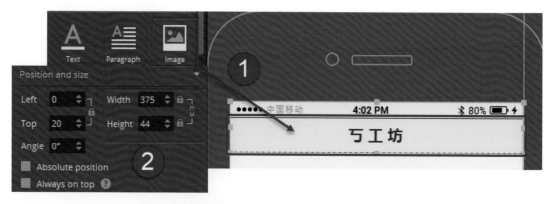

🔺图4-3-13　创建导航栏

Step 2：创建导航栏信息。用Text（文本标签）创建导航栏信息，这里是首页，所以我们用所设计产品原型的名称"丂工坊"作为导航栏信息，修改文字属性，字体选择微软雅黑，字号选用14、加粗，并修改颜色为红色（图4-3-14）。

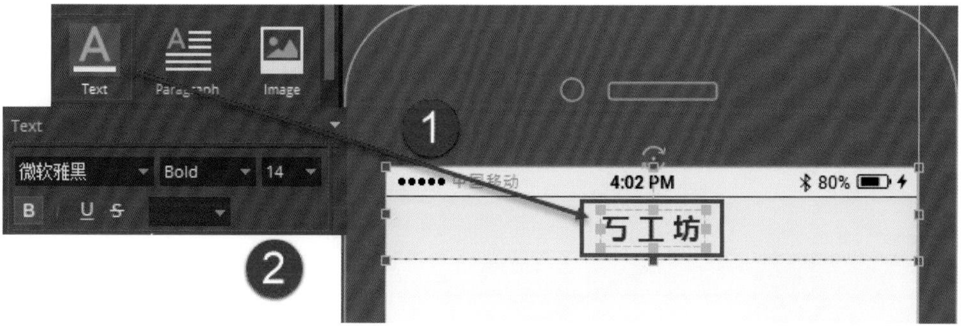

◎图4-3-14　创建导航栏信息

（5）标签栏制作

Step 1：设计标签栏（Tab Bar）。将导航栏与标签栏整合在一起，标签栏一般出现在屏幕底部，是架构了多个屏幕之间页面内容切换的容器，iOS规定其高度为98px。这里我们做一个设计，将本来放在标签栏的Icon放在导航栏两侧。元件库中提供的元件很多，为了能够快速地找到我们需要的元件，可以利用搜索功能，输入Light来完成元件检索，将iOS8 Icons中的Light拖入导航栏内；用同样的方式，在搜索栏中输入List完成检索，将iOS8 Icons中的List图标拖入标签栏中（图4-3-15）。

◎图4-3-15　使用iOS8 Icons图标

Step 2：调节Icons大小。调节Light、List图标的大小，点击对应的Icon，在属性栏中找到Text栏目，调节大小为20（图4-3-16）。

◎图4-3-16　调节Icons大小

（6）轮播图制作

Step 1：创建轮播图元件。为了能在首页展示更多信息，设计师通常会采用轮播图的形式作为信息展示板块。在原型设计当中，我们也经常会用到轮播图的效果。在元件库中找到Image（图像），拖拽到界面中，调整其尺寸，使之与我们将要插入的图片尺寸一致，Width（宽度）375、Height（高度）165（图4-3-17）。

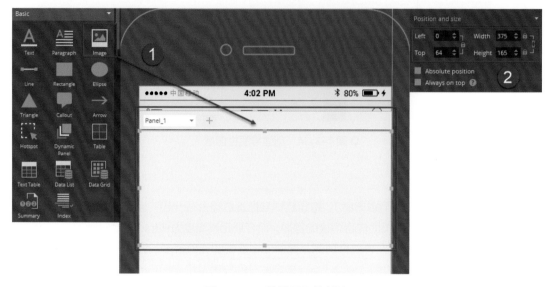

◬ 图4-3-17　轮播图元件创建

Step 2：修改元件类型。制作轮播图时，需要在一个位置插入若干张图片，Justinmind提供了相应的元件，鼠标右键点击图像元件，选择Group in dynamic panels（组合为动态面板），将图像元件转化为动态面板，点击"加"号，可以在该动态面板添加任意层，并且每一层都可随意添加图像（图4-3-18）。

◬ 图4-3-18　修改元件类型

Step 3：为轮播图添加内容。点击轮播图元件→在属性栏中点击Add Image（插入图像），弹出资源管理器对话框→在资源管理器中找到要插入的图片，点击确定→弹出对话框，询问Add image as...（添加图片类型），这里选择Include image in prototype（集成到原型文件），点击OK确定（图4-3-19）。

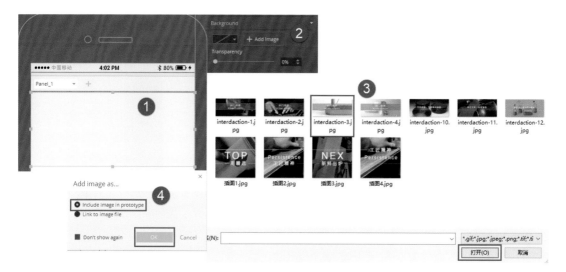

⬥图4-3-19　轮播图添加内容

Step 4：插入多张图片。在选项中切换图片容器，重复执行Step3操作，为Panel_1到Panel_4分别添加图片（图4-3-20）。

Step 5：添加事件。Justinmind中提供了很多种交互类型，自由度非常高，几乎可以实现目前市面上的所有交互样式。如图4-3-21所示，点击事件与信息区的Add Event（添加事件）。

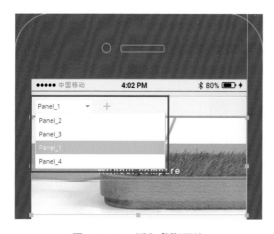

⬥图4-3-20　插入多张图片

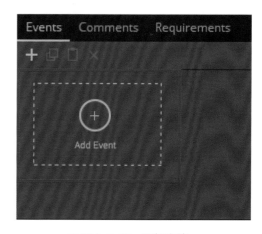

⬥图4-3-21　添加事件

Step 6：设置交互事件。在弹出的窗口中，点击One Tap（点击），在弹出的下拉菜单中找到on Swipe Left（向左滑动时）触发命令→在左侧菜单栏中选择Set Active Panel（设置动态面板）→切换要变换的层"Panel_2"，点击OK，确认该项交互事件。重复以上步骤可以为动态面板中的Panel_1～4依次添加交互事件。在刚接触交互事件制作时，建议大家添加简单交互事件，并且养成时常预览的习惯（图4-3-22）。

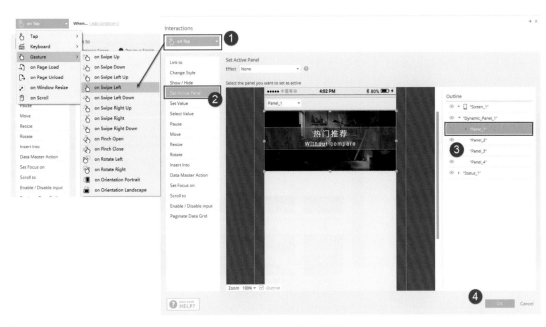

◉图4-3-22　设置交互事件

（7）横向连续滚动任务

Step 1：创建动态面板。在元件库中找到Dynamic Panel（动态面板），拖拽到界面中，调整其尺寸Height（高度）为123，Width（宽度）超出界面，调整其位置Left（左）为0，Top（顶）为232（图4-3-23）。

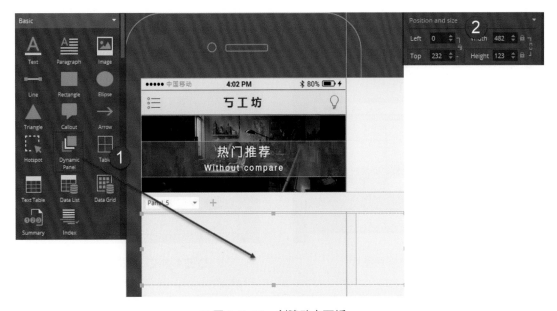

◉图4-3-23　创建动态面板

Step 2：在动态面板元件中添加图像元件。点击Dynamic Panel（动态面板），在元件库中找到Image（图像），拖拽到动态面板元件中→修改图像元件Width（宽度）为123，Height（高度）

为123→再复制出三个Image（图像）元件（可以超出界面与Dynamic Panel框，在元件目录下做复制操作，是为了保证层级关系不发生改变）→确保图形元件在Dynamic Panel（动态面板）元件层级之下→选中所有Image（图像）元件，利用对齐工具中的Align middle（居中对齐），并保证图像元件之间间距相等（图4-3-24）。

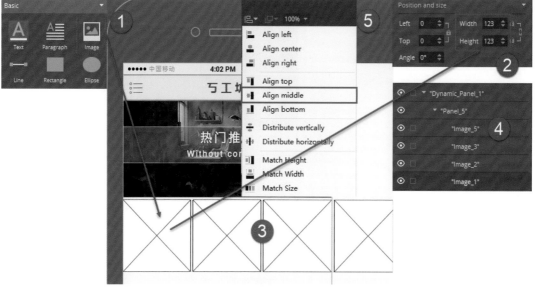

◎图4-3-24　在动态面板元件中添加图像元件

Step 3：更改动态面板属性。将Dynamic Panel（动态面板）宽度调整至与界面一致→分别为Image（图像）元件加入相应的图片→将Dynamic Panel（动态面板）属性中Horizontal Scroll（水平滚动）改为Automatically（自动）（图4-3-25）。

◎图4-3-25　更改动态面板属性

Step 4：预览。点击Simulate（预览），做相应测试（图4-3-26）。

○图4-3-26　预览

（8）纵向连续滚动任务

纵向连续滚动元件，制作方式与横向连续滚动元件步骤相同，只需将Dynamic Panel（动态面板）高度调整至与界面一致，将Dynamic Panel（动态面板）属性中Vertical Scroll（垂直滚动）改为Automatically（自动）（图4-3-27）。

○图4-3-27　制作纵向连续滚动元件

（9）页面跳转

热点可以实现页面之间的跳转，是应用开发设计和网页设计中最重要的交互实现。Justinmind中为我们提供了全面的手势交互动作，用户可以快速地实现几乎市面上所有的手势、键盘、鼠标交互形式，并且能够自由地编译交互条件。

Step 1：新建页面。要制作页面跳转就需要先创建一个新的页面，在原型构架和元件属性区找到Screens（屏幕列表），点击"加号"添加一个新的页面→在弹出的对话框中Name（名称）处将其命名为Side_Panel_1（侧面面板-1）（图4-3-28）。

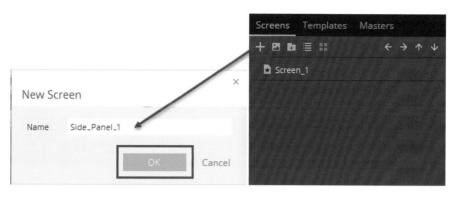

◎图4-3-28　新建页面

Step 2：添加事件。选择需要实现页面跳转的按钮，这里选择List图标，点击后会在事件与信息区的Events（事件）栏下出现Add Event（加入事件）按钮添加动作→点击Add Event（加入事件）（图4-3-29）。

◎图4-3-29　添加事件

Step 3：添加交互方式。弹出Interactions（交互动作）列表，先选择交互方式，我们这里选择Tap→on Tap（单指点击时）（图4-3-30）。

Step 4：添加交互事件。选择交互事件Link to（链接到），链接的类型可以选择Internal Screen（内部屏幕）、Previous Screen（上一屏幕）、External Address（外部地址），我们选择Internal Screen（内部屏幕），在Select a screen from the list（从列表中选择一个屏幕）中选择Side_Panel_1，同时，我们可以为交互动作添加一个Effect（动画效果）并选择Open in a popup window（是否以窗口弹出的方式展开）（图4-3-31）。

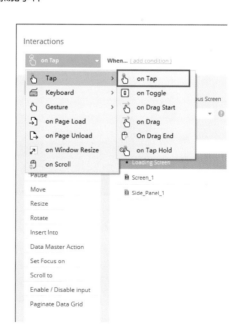

◎图4-3-30　添加交互方式

⬢图4-3-31　添加交互事件

（10）条件表达式

Justinmind中为我们提供的表达式生成器，可以通过一些数据变量与条件定义来定义复杂的表达式，从而为交互实现添加必要条件，当条件达成交互动作才会实现。Justinmind中表达式生成器主要有两个用途：

① 在"设置值"或"设置选择"事件操作中指定要设置的值。

② 要建立一个交互事件必须满足设定的条件才能执行。在这种情况下，表达式的结果必须与条件（真/假、是/否）结果进行比较。

Justinmind中表达式生成器的布局非常简单。要创建自己的表达式，只需将所需的条件从"函数、常量"面板和"数据"面板中的数据源拖放到编辑区域即可。注意，将函数或数据元素拖动到表达式上时，其结构将动态变化，显示结果的反馈（图4-3-32）。

⬢图4-3-32　条件表达式面板

我们来做一个这样的效果，当"时间"元件满足一定条件时，交互动作才可以实现。

Step 1：创建时间元件。在元件库中找到Date（日期）元件，拖拽至界面中，再复制出一个→将时间分别设置为05/13/2020和05/14/2020（图4-3-33）。

⬥图4-3-33　创建时间元件

Step 2：书写条件表达式。点击之前做好的页面跳转交互动作中的菜单按钮→打开条件表达式面板→将时间元件拖拽到编辑区→接着在函数和常量区找到Equais"等于"→为其添加值"05/14/2020"（图4-3-34）。这样我们就得到一个这样的交互效果：当我们调节时间元件为05/14/2020，菜单按钮的页面跳转交互动作才会实现，反之菜单按钮的页面跳转交互动作不会有效果（图4-3-35）。

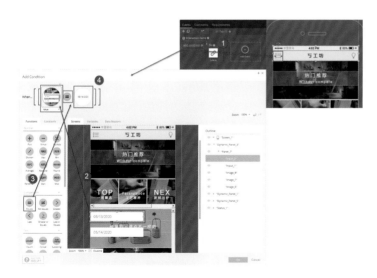

⬥图4-3-34　书写表达式　　　　　　　⬥图4-3-35　预览效果

第5章 网页设计中的交互设计应用

5.1 网站整体视觉设计

相较于平面设计，网站设计增加了深度的属性，在平面设计中我们只能在横向与纵向两个维度上展开信息的构成与配列，而在网站中有了深度的维度，也就是层级。

一个好用美观的网站应该做到以下几点。

（1）保持视觉平衡

视觉平衡是指确保所设计的网站视觉感受不会偏向某一侧。在进行对称或不对称设计时都要考虑视觉平衡问题。如果我们在布局与排版上做了非对称设计，可以通过颜色、大小以及元素的增减来达到视觉上的平衡。

小米官网导航栏被设计成深色，正是基于视觉平衡上的考虑。导航栏在当前页面中的占比较小，如果我们将其改为浅色，就会明显发现页面的视觉感受向右倾斜（图5-1-1）。实现不对称平衡是一件很微妙的事情，需要花费时间和精力进行细节的优化与调整，并且还要有一定的视觉敏感度，要能够及时发现问题、作出反馈。

（2）使用网格对设计进行区分

网格就是一系列的水平和垂直标尺，可以看作是网页的骨架。它可以帮助我们很好地实现网站的对齐与一致，是实现视觉平衡、结构清晰的好方法，有助于页面信息的分割，帮助用户做信息筛选，提高网页信息的可

◎图5-1-1 小米官网网页设计

读性。

内容容器网页布局。网格可以作为内容容器，用于区分信息板块。网格设计宜宽窄适当，如果网格短窄，就会产生过多的连字符，而且很难形成统一的左右对齐效果；但如果网格太宽，会增加用户在阅读文字时漏读和串行的频率。

三分栏网页布局。其运用的是摄影当中的"三分法"技巧，有时也称作"井"字构图法。利用这种方法可以帮助设计师"分割"设计，让页面的结构更具有逻辑性和条理性，提升页面的可读性，让用户信息获取更加轻松。这种分栏法能避免读者在阅读过程中因一行中字数过多而引起的视觉疲劳，适用于信息量较大的网站使用。

在"三分栏"的页面布局中，左、中、右三栏可以灵活设置宽度，不必强制均分。均分的三分栏看起来页面更加整齐，能够将同类信息有效归类。不均分的三分栏能够凸显主要信息，营造出轻松、灵活的版面效果，方便读者筛选信息（图5-1-2）。

🔵 图5-1-2　腾讯主页、赶集网主页三分栏布局

黄金分割网页布局。黄金分割是指将整体一分为二，较大的部分与整体部分的比值等于较小部分与较大部分的比值，其比值约为0.618。这样的比例关系是最被认可的具有美感的比例。苹果公司的网站大量使用了黄金分割法则（图5-1-3）。

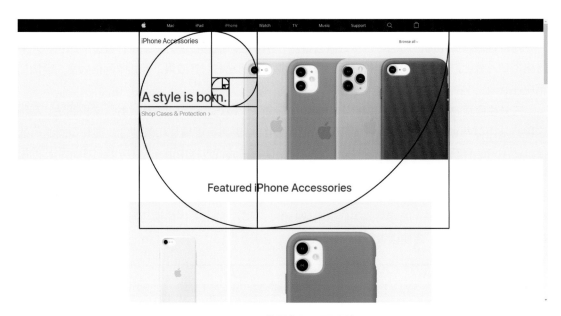

○ 图5-1-3　苹果官网网页设计

　　十二分单位网格。"十二分单位网格"是一个非常实用的网站网格构架模型，能够帮助初学者快速构建出色的网站布局。在"十二单位网格"的基础上能够很快速地扩展出"三分单位网格""四分单位网格""六分单位网格"，在此基础上可以快速布局各种内容，营造整个网站的视觉秩序和统一性，无论是对称还是非对称设计的网页都可以轻松应对。利用Photoshop软件可以快速绘制一个"十二分单位网格"（图5-1-4）。

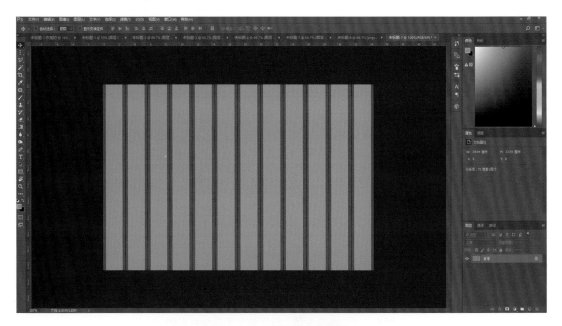

○ 图5-1-4　十二分单位网格

（3）选择最多两种或三种基色

本书第3章"视觉艺术与界面（UI）设计"中为大家详细讲解了视觉艺术下的数字色彩构成。

色彩在网站的设计中非常重要，网站的基调和气质很大程度上是由选用的色彩决定的。

20世纪90年代中期，限于显示器仅能显示256种颜色的色彩显示能力，要显示某种硬件预先定义的颜色以外的颜色，要么使用最接近的颜色替代，要么多用一些时间，通过抖动混合颜色后显示，为了让不同电脑系统以及浏览器对所有颜色都能有很好的支持，选用了216种颜色作为网络安全色（图5-1-5），其余40种颜色则因在Macintosh和Windows下显示效果差异过大而被排除在外。2011年后，个人计算机实现了24位（真彩色），色彩可以达到人眼分辨的极限，发色数是16777216种颜色，也就是2的24次方，原先的网络安全色的概念随之淘汰。由此设计师可以更加自由地编辑和定义网站颜色，但要注意为保证网站整体视觉的统一性，所选用的颜色通常要在一个色系内，并保证色彩深度与饱和度在同一级别。

000	300	600	900	C00	*F00*
003	303	603	903	C03	*F03*
006	306	606	906	C06	F06
009	309	609	909	C09	F09
00C	30C	60C	90c	C0C	F0C
00F	30F	60F	90F	C0F	*F0F*
030	330	630	930	C30	F30
033	333	633	933	C33	F33
036	336	636	936	C36	F36
039	339	639	939	C39	F39
03c	亚细亚	63C	93c	C3C	F3C
03F	33F	63F	93F	C3F	F3F
060	360	660	960	C60	F60
063	363	663	963	C63	F63
066	366	666	966	C66	F66
069	369	669	969	C69	F69
06C	36C	66 c	96c	C6C	F6C
06F	36F	66 F	96F	C6F	F6F
090	390	690	990	C90	F90
093	393	693	993	C93	F93
096	396	696	996	C96	F96
099	399	699	999	C99	F99
09C	39C	69C	99c	C9C	F9C
09F	39F	69F	99F	C9F	F9F
0C0	3C0	6C0	9C0	CC0	FC0
0C3	3C3	6C3	9C3	CC3	FC3
0C6	3C6	6C6	9C6	CC6	FC6
0C9	3C9	6C9	9C9	CC9	FC9
0CC	3CC	6CC	9CC	CCC	催化裂化
0CF	3CF	6CF	9CF	CCF	FCF
0F0	3F0	*6F0*	9F0	CF0	*FF0*
0F3	*3F3*	*6F3*	9F3	CF3	*FF3*
0F6	*3F6*	6F6	9F6	*CF6*	*FF6*
0F9	3F9	6F9	9F9	CF9	FF9
0FC	*3FC*	6FC	9FC	CFC	FFC
0 ff	*3FF*	*6FF*	9ff	CFF	*FFF*

⬥图5-1-5　216种网络安全色

（4）使用适合的图形配合网站

图形的选用可以为网站增加亮点，在网站设计时，设计师一定要明确图形的含义，图形与文字都是用来传递信息的，当图形与文字产生歧义，或者干扰文字信息获取时，当相应地调整或删除。

一张高水准的图片能瞬间为网站增色，很有可能让用户爱上该网站所代表的公司与品牌。

（5）文字是重点

网站是动态的。与传统平面排版不同的是，具有内容实时更新、用户浏览时终端不确定等特点。在网站中，最重要的就是文字。文字不但要传递信息内容，也要体现网站的整体视觉形象。

字体、字号、字间距、行间距、对齐方式、颜色都会影响文字给人的视觉感受。在第3章"视觉艺术与界面（UI）设计"中，具体讲解了文字各属性的区别、使用以及学习方法。

　　腾讯网和新浪网，作为国内两大重要门户网站，腾讯网在经历改版后，在最大页面宽度做了更大的适配，在文字的排版上选用更大的文字并增加了行间距，整个页面更加整齐、条理，我们可以明显感受到，腾讯网比新浪网整体感受更轻松、简洁，长时间浏览不会有明显的疲惫感（图5-1-6）。

⬆ 图5-1-6　腾讯网与新浪网

（6）网站需有清晰的导航

　　导航是网站设计的重要组成部分。在进入一个网站时，通常我们会先看到导航栏。导航栏的清晰与否对网站信息架构、用户体验都有很大的影响。清晰的导航在用户浏览网站时会快速引导用户点击网站目标，完成页面浏览，也能帮助搜索引擎快速理解网站中每一个网页所处的结构层次。

（7）通过在元素周围留白来突出重点元素

　　很多初学者在刚刚开始学习网页设计的时候，总喜欢把东西排得满满的，认为让用户在一个页面上更多地获取信息而不去做过多的交互动作是一个好的设计方向。其实这个方向是错的，随着优秀的网站交互形式的出现，尤其是一些科技类的网站，你会发现不断地用鼠标滚轮滚动划看竟然是一件非常爽的事情。好的留白设计会让整个网站保持清爽，聚焦用户的视觉重点，很多大品牌的网站就是利用这个技巧来提升整体视觉形象的（图5-1-7）。

◉ 图5-1-7　香奈儿中国主页

（8）连接所有元素

这里的连接并不是"链接"的意思，是指在网站设计时要注意各种元素的统一性和一致性。统一性和一致性同时也是设计专业性的体现，对于网站而言，主要是色彩搭配、字体选用、图标元素等的统一。具有高度统一性的网站不一定会在整体视觉感受上提升多少，但是不一致的网站设计看上去会像一个"未完成"的作品，给用户一种"糟糕"的体验。

5.2 网站服务于品牌

（1）品牌建设

随着市场竞争的不断扩大，品牌建设成为了区别竞争对手重要的手段。品牌会赋予所属者溢价能力，更可以产生增值这一无形的资产。很多时候，我们可以将品牌看作是"人"，他有着自己的性格、长相、情绪、气质，以及态度。当然品牌也需要像"人"一样成长、成熟。

就网站而言，可以将其分为两个类，服务性网站和宣传性网站。但不论什么类型的网站，都或多或少带有一定的提升品牌效应的诉求。网站就是品牌的具象化，品牌这个"人"长什么样子、怎么说话、是一个什么样的性格，都是在设计网站的时候应该考虑的，所以我们还要学会利用网站讲好"品牌故事"。

（2）网站对于品牌的作用

网站是品牌的在线名片，很多时候网站能够给予客户一种"合法化"的直观感觉，可以帮助企业建立信誉，当客户能够从网站上获取更完整信息的时候，也进一步拉近了企业与客户之间的距离，就好像我们总喜欢"出来见一见、坐下聊一聊"一样，这是我们认识对方的第一步。

越来越多的人喜欢通过网络的方式解决问题，如何让他们在众多的选择中看重你并相信你，利用网站"好好地做一次自我介绍"，把你的"作品"展示出来，把你积极向上的一面让你的潜在客户看到，与他们"交个朋友"。与印刷广告相比，网站包含的元素更多，更有可能做到面面俱到，这就保证了其比印刷广告更有效。

（3）通过网站设计为品牌增值

交互设计师一直在思考和谈论个性、情感和设计之间的联系。"注意聆听""用心感受"应该是交互设计师具备的气质。从事视觉设计的人太容易将注意力放在"好看，不好看上"，但其实这是片面的。我们研究视觉形象，其实是为了促成和"他人"更好地沟通交流，是为了将我们想表达的信息更好地传播出去，正所谓"表达先行"。我们来看一下"三只松鼠"是怎么做的。作为一个零食品牌，设计师把它包装出一种"萌宠"的形象与气质，打开其网站，你会有一种感觉"有一窝可爱的松鼠，迫不及待地想要侍奉你"的感受，于是很自然地会产生一种想把它们抱回家的冲动（图5-2-1～图5-2-3）。

⬢图5-2-1 "三只松鼠"官网（1）

⬢图5-2-2 "三只松鼠"官网（2）

●图 5-2-3　"三只松鼠"天猫旗舰店

5.3 Dreamweaver及其操作

　　Dreamweaver是学习网页设计的必备软件，其功能与自由度一直引领业界，能够帮助设计团队高效完成网页设计、制作与编辑工作。随着软件的迭代，Dreamweaver可视化程度变得越来越高，基本实现了所见即所得，使用者可以直接在实时视图中，一键编辑文字和影像属性、增加类别，软件都能够及时响应变更。

5.3.1　Dreamweaver界面

　　Dreamweaver的界面共划分为10个功能分区（图5-3-1）：

　　分区A菜单栏，软件所有的功能都在这里，包括文件、编辑、查看、插入、工具、查找、站点、窗口、帮助等一系列功能；

　　分区B文档工具条，可用于代码视图、设计视图与实时视图之间的切换；

　　分区C文档窗口，可以链接到当前网页中外置链接的文档并进行修改；

　　分区D工作窗口切换，用于Dreamweaver的视窗布局切换；

　　分区E面板组，帮助使用者监视和修改当前网页结构，包括插入面板、CSS设计器面板，以及档案面板；

　　分区F代码视图，用于手动编写代码的面板，支持编写和编辑HTML、JavaScript和任何其他类型的代码；

　　分区G状态栏，提供正在创建文档的相关信息；

　　分区H标签选择器，通过点击标签能够帮使用者快速定位到代码的某一个位置；

　　分区I实时视图，是一个交互式预览，可以实时准确地呈现网页最终效果，还可以在实时视图中编辑HTML元素；

　　分区J文档工具栏，文档工具栏包含了一些常用工具，包括打开文档、文件管理、实时视图选项、检查模式等工具。

◆图5-3-1　Dreamweaver界面介绍

5.3.2　使用Dreamweaver制作企业网页

　　接下来，使用Dreamweaver制作一个企业网页，网页中包含图片、Logo、按钮元素，并且能够实现链接跳转与隐藏式菜单的交互设计，最终效果如图5-3-2所示。案例素材包、源文件见本书配套的工程文件包。

◆图5-3-2　最终效果

（1）新建文档

　　Step 1：新建文档。打开Dreamweaver，选择"文件"，点击"新建"命令，在弹出窗口中选择"新建文档"，在文档类型中选择"</>HTML"选项，在框架中选择"无"，将标题设置为"企业网站"，点击"创建"按钮，创建一个空白页（图5-3-3）。

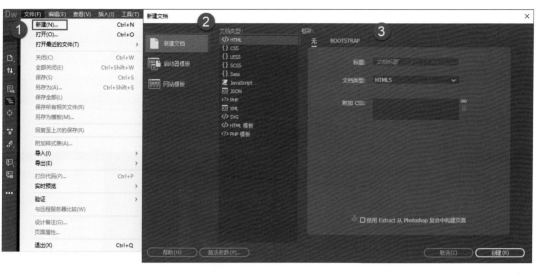

◎图5-3-3　新建文档

Step 2：保存文档。用鼠标单击分区F代码视图"<title>企业网站</title>"处，修改属性，将"标题"设置为"企业网站"，并保存文档（图5-3-4）。

◎图5-3-4　保存文档

Step 3：设置页面边距。选择"文件"中的"页面属性"按钮，在打开的"页面属性"对话框中，将"左边距"、"右边距"、"上边距"和"下边距"都设置为0，点击"确认"按钮（图5-3-5）。

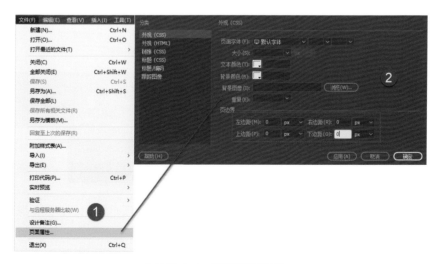

◎图5-3-5　设置页面边距

（2）插入图片

Step 1：插入表格。插入表格的目的是更好地控制图片或者文字在页面当中的位置。选择"插入"中的"Table"（表格）命令，弹出"表格"对话框，因为当前我们只插入一张图片，所以将"行数"与"列"都设置为1，将"表格宽度"设置为1700像素，如果不想显示表格可以将"边框粗细"设置为0像素。用鼠标单击分区F代码视图"<td> ；</td>"处，选择"插入"中的"Image"（图像）命令，在弹出的对话框中选择"嵌套"方式添加（图5-3-6）。

● 图5-3-6　插入表格

Step 2：插入图像。在资源管理器中，选择要插入的图像，点击确认。在"属性"面板中选择"img"标签，将属性"宽""高"分别改为1629、920。在"属性"面板中选择"table"标签，将属性"Align"（排列方式）改为"居中对齐"（图5-3-7）。

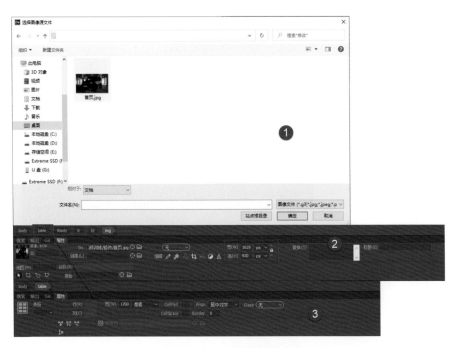

● 图5-3-7　插入图像

（3）插入Logo并调整位置

Step 1：插入Logo

在分区E面板组中，点击标签"td"（单元格标签）前的"+"，在弹出的对话框中选择在此项后插入，修改标签为"td"。用鼠标单击分区F代码视图"<td>此处为新div标签的内容</td>"处，选择"插入"中的"Image"（图像）命令，选择要插入的Logo文件（图5-3-8）。

◔图5-3-8　插入Logo

Step 2：利用CSS样式来控制Logo的位置。在分区E面板组中，切换到CSS设计器面板，点击"+"，创建新的CSS文件，将"文件/URL（F）"命名为"logo"。用鼠标单击分区F代码视图"<td>"，输入命令"<td style="logo">"，这时表格将会执行名为"logo"的CSS样式（图5-3-9）。

◔图5-3-9　CSS样式

Step 3：设置CSS样式。在CSS设计器面板中的属性列表下，将"display"（显示）模式改为"block"（块级元素），修改"margin"位置为40px和-1650px（图5-3-10）。

◔图5-3-10　设置CSS样式

Step 4：修改CSS样式。用鼠标单击分区F代码视图"style"区域，在CSS设计器面板，点击"当前"，可以看到"选择器"默认选择为"<内联样式>：td"，修改相应的"属性"（图5-3-11）。

⬆图5-3-11　修改CSS样式

（4）设计菜单

Step 1：插入文字并指定CSS样式。在分区E面板组中，点击标签"table"（表格标签）前的"+"，在弹出的对话框中选择"在此项后插入"，并使用默认标签"div"（块标签）。将分区F代码视图"此处为新div标签的内容"改为"菜单"（同样也可以插入图片）。在CSS设计器面板中，"源"栏目下新建新的CSS样式，并命名为"menu"。在"选择器"栏目下新建新的选择器，并命名为".menu"。

在属性栏中将标签"div"的"Class"类别选择为"menu"（图5-3-12）。

⬆图5-3-12　插入文字并指定CSS样式

Step 2：调整文字CSS样式。依次点击"源"栏目下新建新的"menu.css"，"选择器"栏目下的".menu"，"属性"栏目下的"布局"，找到"margin"属性，分别改数值为"310px""-865px"。点击"属性"栏目下的"文本"，将"color"改为白色，修改"font-family"为"segoe"，修改"font-size"为"30px"。为文字添加一下一个阴影效果，在"text-shadow"栏目下修改相应属性"h-shadow：2px；v-shadow：1px；blur：5px；color：#515151"（图5-3-13）。

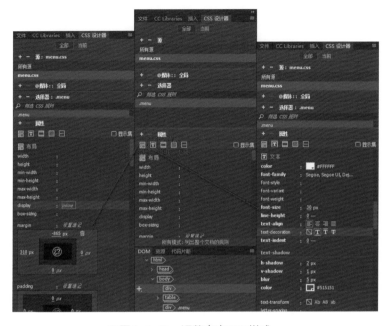

⬥图5-3-13　调整文字CSS样式

Step 3：设置下拉菜单内容。在分区E面板组中，点击标签"div"（块标签）前的"+"，在弹出的对话框中选择插入子元素，并使用默认标签"div"（块标签）。将分区F代码视图"此处为新div标签的内容"改为"<a>马上付钱</a>；<p><a>企业文化</a></p>；<p><a>联系我们</a></p>"（图5-3-14）。其中<a>标签定义超链接，用于从一张页面链接到另一张页面；<p>标签定义段落。

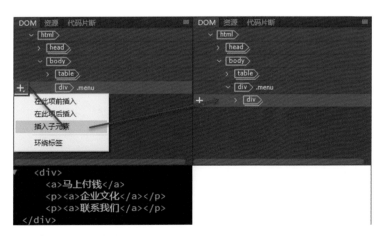

⬥图5-3-14　设置下拉菜单内容

Step 4：调整下拉菜单CSS样式。在CSS设计器面板中，在"源"栏目下新建新的CSS样式，并命名为"dropdown"。在"选择器"栏目下新建新的选择器，并命名为".dropdown"。修改CSS属性，布局中"margin"这时为40px，文本中"font-size（字号）: 25px""line-height（行间距）: 10pt"。在属性栏中，将标签"div"的"class"类别选择为"dropdown"（图5-3-15）。

● 图5-3-15　调整下拉菜单CSS样式

Step 5：调整下拉菜单特效。

制作一个特效，当鼠标指在"菜单"上时，下拉菜单才会出现。在分区E面板组中，点击标签"div"（块标签）前的"+"，在弹出的对话框中选择在此项后插入，修改标签为"style"（文档样式标签）。在分区F代码视图中写入".dropdown {disply : none ; }"（意思是"dropdown"CSS样式在默认状态下不显示）；".menu : hover"（意思是鼠标指向"menu"CSS样式时……）（"hover"的意思是当鼠标指针浮动在当前元素上面）；".dropdown {disply : block ; }"（意思是"dropdown"CSS样式在上方显示）（图5-3-16）。

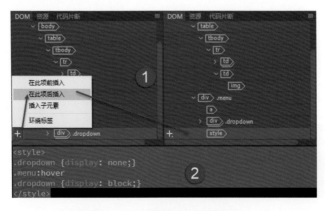

● 图5-3-16　调整下拉菜单特效

（5）插入链接

在分区F代码视图找到"<a>......</a>"标签，在"<a>"后先输入空格，再输入"h"，在弹出的列表中选择"href"，选择需要跳转的页面或者输入需要链接的网址即可（图5-3-17）。

```
21 ▼    <div class="dropdown">
22       <a h>马上付钱</a>
23         <p>   charset
24         <p>   hidden
25     </div>      href
26 ▼ <style>      hreflang
27 .dropdow       shape
28 .menu:ho       spellcheck
29 .dropdow              k;}
30 </style>
```

```
21 ▼    <div class="dropdown">
22       <a href="">马上付钱</a>
23         <p><a>企业    浏览...
24         <p><a>联系    交个朋友 - 罗永浩抖音带货直播_files/
25     </div>          实战训练/
26 ▼ <style>          导航菜单_模块展示主页_files/
27 .dropdown {d       001.css
28 .menu:hover        03.png
29 .dropdown {        10.png
30 </style>
31 </div>
```

```
21 ▼    <div class="dropdown">
22       <a href="http://www.baidu.com">马上付钱</a>
23       <p><a>企业文化</a></p>
24       <p><a>联系我们</a></p>
25     </div>
```

⬠ 图5-3-17　插入链接

（6）最终效果

最终效果如图5-3-18所示。

⬠ 图5-3-18　最终效果

第6章 虚拟现实（VR）与增强现实（AR）中的交互设计应用

6.1 VR与AR

　　VR与AR提供了一种沉浸式的交互方式，现广泛应用于游戏、影视与教学。对于数字媒体艺术、技术及动画的初学者而言，VR与AR也并非遥不可及，现如今虚拟现实类游戏、动画及电影都急需艺术设计类人才进行美术设计、特效制作及资产创建。实现VR和AR的技术手段有很多，现如今利用Unity与Unreal进行制作较为广泛。本章将对Unity引擎在游戏或影视中一些常用的交互设计应用以及最新的Unreal Engine 5颠覆性的交互体验进行介绍。

6.1.1　VR与AR的交互方式

　　VR与AR作为20世纪出现的新兴技术，在21世纪的今天由于技术上的提升迎来了一轮新的关注热潮，这都得益于VR与AR交互方式的不断变化与进步。在体感上，VR以用户在交互行为中所得到的真实反馈来提升体验过程中的沉浸感。举个例子，Medscape 360为医疗保健相关专业人员提供了一个了解临床新闻与健康信息的学习渠道，以满足不断变化的医疗环境下的需求，它通过VR与AR技术的结合创建沉浸式的多维环境，使用户有机会身临其境地体验实时互动的过程。VR与AR技术可以说颠覆了传统的交互体验感，成为新一代人机交互平台。

（1）VR的交互方式

　　以用户为对象，在虚拟空间中，用户与虚拟物体触碰时给予其真实的反馈，物体的移动，其状态的改变，都能从控制器有效地反馈到用户的体感上，这就达到了VR基本的交互功能。VR在游戏方面一直有不少的创新，其交互体验胜过了传统意义上的游戏，使得许多VR游戏在交互方面极具沉浸感，其中Waltz of the Wizard这款VR游戏尤为惊艳（图6-1-1）。

　　玩家将在游戏里面扮演一名魔法师，无论是各类火雷冰风元素的魔法，还是重力魔法、变形魔法等都可以进行交互。其灵感来自《哈利·波特》，画面及特效的华丽让人耳目一新，仿佛真的置身于那个奇幻的魔法世界（图6-1-2）。

　　游戏内对交互的反馈也做得无可挑剔：火球从手上甩出去出现抛物线的真实感，操控重力时周边物体给予的反馈，挥动光剑时击中物体时的打击感，无不显示出这款游戏在交互方面下足了功夫。

◆图6-1-1 VR游戏Waltz of the Wizard

◆图6-1-2 Waltz of the Wizard的游戏场景

（2）AR的交互方式

与VR相比，AR则做到了以交互为主的多功能互动体验，这使得AR在生活中有更多的运用案例。AR的交互方式是以物体为对象，以现实中的物体作为参照来增加可交互性，无论是图形、物体，还是特定姿势、状态等，都可以作为对象来实现AR交互。下面以大家熟知AR游戏《精灵宝可梦Go》进行说明（图6-1-3）。

◆图6-1-3 AR游戏《精灵宝可梦Go》

由任天堂和谷歌合作的《精灵宝可梦Go》颠覆了以往宝可梦游戏的玩法，结合谷歌地图和AR技术实现了在现实环境中捕捉宝可梦的互动，从真正意义上把AR的互动性完美地展现了出来，再结合经典IP，创造了这个精品互动游戏（图6-1-4）。

◎图6-1-4 《精灵宝可梦Go》游戏玩法

6.1.2 实现虚拟交互的引擎Unity

Unity是一款用于制作游戏以及动画的引擎软件，软件本身集成了众多便利的功能，以便广大使用Unity的开发者、艺术家使用Unity制作出游戏或是动画，甚至是刚入门的新手都可以快速上手且软件本身是免费的。

Unity自问世至今，经历了许多次更新迭代。目前Unity官方网站给出的历史版本是从Unity 3.4.0开始的。Unity早些年的版本号都以Unity 3.X、Unity 4.X、Unity 5.X来命名，每过一个大版本号，都有重大功能的更新。到Unity 5.6之后，Unity迎来了名字的变更，新的版本Unity 2020以年份进行命名，并且每年年末，Unity会更新下一个大版本，之后就都以第二年的年份进行命名。

在Unity中，游戏对象（Game Object）进行各种行为都由脚本来控制，游戏开发人员通过编写脚本来控制游戏中的全部对象。脚本本质上也是一种组件，而脚本由程序语言所编写，用于控制游戏物体的行为。使用者可以使用脚本来实现很多功能，而看懂和制作脚本则需要一定的编程基础。在Unity发展的漫长岁月中，曾支持三种程序语言，分别是C#（CSharp）、UnityScript、Boo，之后在2014年，Unity放弃了对Boo的支持，在2017年，Unity也宣布开始逐渐放弃对UnityScript的支持，如今Unity使用最为广泛的是C#。作为大势所趋，C#凭借着对于新手而言更易上手的优势，以及更高的安全性、稳定性、便捷性，成为Unity独宠的程序语言。

注意，这里的UnityScript是Unity中的JavaScript，由于不是真正的JavaScript，只是借鉴其语法，故又称为UnityScript。

6.1.3 虚拟交互技术的新突破——第五代虚幻引擎Unreal Engine 5

Unreal Engine 5（虚幻引擎，简称UE5）是目前交互仿真领域最先进的开发工具（图6-1-5）。它由Epic公司开发，我们习惯称之为次时代交互图形系统。官方于2020年5月12日公布了其颠覆性技术及功能，并于2021年正式免费发布。UE5可谓是在当今游戏开发、动画电影制作、交互仿真、VR/AR/MR等领域都不可替代的引擎软件，是设计师最常用的交互视听开发工具之一。

◎图6-1-5 虚幻引擎

UE5的前身是UE4。在2020年之前，作为业界交互开发的主要工具之一，它获得了全球超过几千万用户的青睐，大部分的游戏与虚拟仿真应用中涉及的很多技术标准都是由它所定义的。而且，Epic免费向全球开放UE的使用，包括其海量的资产库，也一并免费地开放给所有开发者使用。这些数字化资产的品质非常高，加上UE卓越的实时图像渲染技术，使得它开发出来的无论是游戏还是交互产品展示的画面质量都非常令人惊叹，并逐渐成为业界的画质标杆（图6-1-6、图6-1-7）。

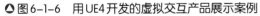

◎图6-1-6 用UE4开发的虚拟交互产品展示案例   ◎图6-1-7 用UE4开发的三维游戏案例

UE除了在常规的游戏和产品展示领域有着卓越的贡献之外，在建筑可视化和现今非常流行的虚拟现实领域以及虚拟拍摄制作领域也有着极其广泛的运用（图6-1-8、图6-1-9）。多领域的适用性使得它未来的发展前景不可估量。

◇图6-1-8　用UE4开发的实时
建筑交互展示案例

◇图6-1-9　用UE4开发的虚拟现实交互与
虚拟拍摄环境模拟案例

　　UE4为交互设计领域奠定了坚实的技术基础。让虚拟世界尽可能地还原现实世界的体验一直以来都是计算机图形和交互技术发展的主要目标，虽然当前取得的成效已经斐然，但是长期以来并没有革命性的技术来将这一领域进行较大的提升。2020年5月Epic发布的UE5引擎改变了这一切，在完全革命性新技术的加持下，虚拟世界进一步对现实世界进行仿真，几乎达到了与现实一致的结果，而且UE5制作的超逼真实时渲染画面，其精细与写实程度已经与现实无异（图6-1-10）。

◇图6-1-10　UE5制作的超逼真的实时渲染画面

　　Nanite虚拟微多边形几何体技术是UE5最大的技术亮点之一，它几乎解放了所有开发者创作数字化模型资产的束缚，上亿三角形级别的三维模型资产可以被随意地放入UE5进行编辑，开发者无需再担心模型数据的复杂度问题，也不用再通过其他方式来对资产进行优化。这使得UE5可以使用照片级别的高细节三维资产来创造高细节度的画面效果。未来的游戏或是虚拟仿真将看上去和现实完全一致（图6-1-11）。

◎ 图 6-1-11　Nanite 技术下生成的超高精度画面效果案例

Lumen 全动态全局光照技术是 UE5 的另一大技术突破，它可以让场景产生极其逼真的物理光照效果。光线可以在物体与物体之间反弹，产生逼真的漫反射照明，这样画面中的光感将变得与现实一致，而且这是一个实时的过程，我们可以对其进行交互式的调节，无需渲染等待（图 6-1-12 ）。

◎ 图 6-1-12　Lumen 全动态全局光照技术模拟出的逼真天光照明效果案例

Niagara 特效技术为 UE5 增添了各式各样的视觉特效，如群集动画、燃烧、爆炸、流动、发光等。这些效果是为人们带来丰富视觉体验的重要因素（图 6-1-13 ）。

◎ 图 6-1-13　Niagara 特效技术模块实现的能量流动视觉效果案例

除以上核心技术革命之外，UE5还在声效模拟、物理刚体碰撞模拟、物理流体模拟等诸多领域有着显著提升，为未来的虚拟开发提供了完全颠覆性的技术支持和无限的可能性（图6-1-14）。UE5的出现革新了设计思维与创作思维，同时也在改变着各种生产制作的流程与规范。在这样的技术背景下，未来的电影与游戏之间的界限将更加模糊，虚拟现实的交互仿真度将达到空前的状态，增强现实与混合现实的应用将更加深入与逼真，虚拟仿真将会使虚拟与现实的距离大跨步地拉近……未来已来！

⬡ 图6-1-14　UE5电影级别的画面将交互与艺术完美地推向了更高的发展领域

6.2　虚拟现实游戏特效交互设计应用

6.2.1　游戏物体实现交互的涂鸦特效

本节将介绍如何在Unity中实现在物体上涂鸦的交互方式，其中使用的交互插件是Ink Painter。Ink Painter是Asset Store中一款可以实现涂鸦特效的免费插件，其可以实现在任何物体上进行涂画的效果（图6-2-1）。

⬡ 图6-2-1　Ink Painter 插件

Step 1：创建一个新的工程，打开Asset Store，在搜索栏中输入Ink Painter并回车，找到第一个插件点进去，来到下载界面，下载并导入Ink Painter（图6-2-2）。

◯ 图6-2-2　在Asset Store中搜索Ink Painter

导入后，可以发现在Project窗口下多了一个InkPainter文件夹，展开InkPainter，再展开Sample，可以在SampleScene下找到很多示例场景，随意打开一个都可以试用这个插件的效果，这里不一一展示。之后将创建新的场景来完成效果。

Step 2：创建新目录Scene，保存当前场景到Scene目录下，命名为MainScene；这里再导入一个模型包SD_UnityChan，这个模型包可以在UnityChan的官网下载到，也可打开本书配套的工程文件包，里面也有本工程使用到的相关文件。首先准备好InkPainter、Scene、UnityChan这三个文件夹（图6-2-3）。

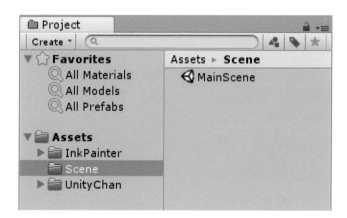

◯ 图6-2-3　工程文件

在UnityChan目录下展开SD_unitychan，在Scenes里也有两个示例场景，可以观看一些预设好的UnityChan模型的效果。

Step 3：接下来搭建场景，首先创建一个平面Plane作为地面，把Plane坐标归零；接着给这个Plane添加一个材质，我们将UnityChan→SD_Kohaku_chanz→Models→Materials下预设好的Stage材质球直接赋予Plane，地面创建完成（图6-2-4）。

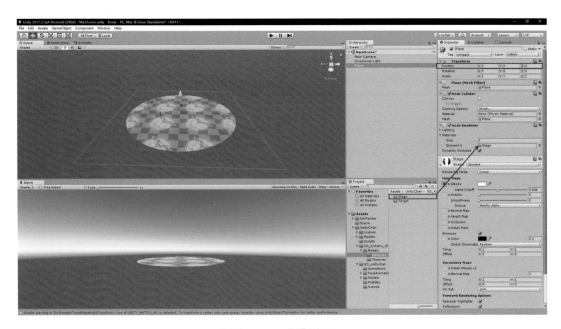

◐ 图6-2-4 制作地面

Step 4：这一步把需要用到的模型放入场景中，摆好位置，在UnityChan→SD_unitychan→Prefabs下找到SD_unitychan_generic，把模型放入场景；接着再创建一个球体Sphere，在InkPainter→Sample→Resource→Material下找到材质球Sample，把它赋予Sphere，接着把模型的位置摆放好，调整好摄像机的位置（图6-2-5）。

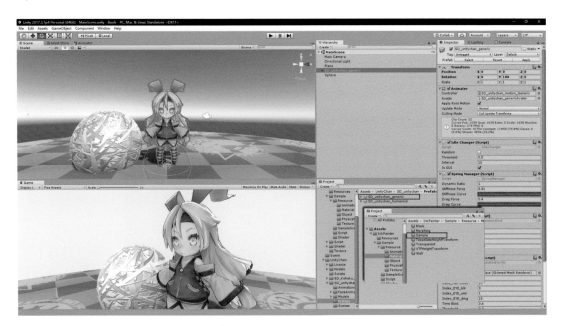

◐ 图6-2-5 摆设好模型

Step 5：接着需要找到UnityChan模型上MeshRenderer的位置，之后要在衣服、脸和头发上涂鸦，在Hierarchy视窗里找到衣服、脸和头发模型的位置，模型名称_face是脸，_body是衣服和身体，_eye是眼睛，_Fhair、_Fhair2、_head分别是头发和头饰（图6-2-6）。

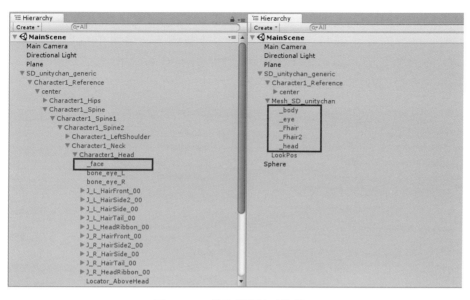

◎ 图6-2-6　找到需要涂鸦的模型

分别添加Mesh Collider至_face、_body、_Fhair、_Fhair2、_head，因为眼睛不用涂色，所以就不为_eye添加了。以_face为例，选择_face，在Insperctor视窗里点击Add Component，选择Physics，找到Mesh Collider后点击添加，在Mesh Collider里找到Mesh，点击Mesh后面的小圆圈，选择_face即可成功添加。其他部位的添加方法与此相同，只需注意在选Mesh时，不同的部位要选择对应的Mesh（图6-2-7）。

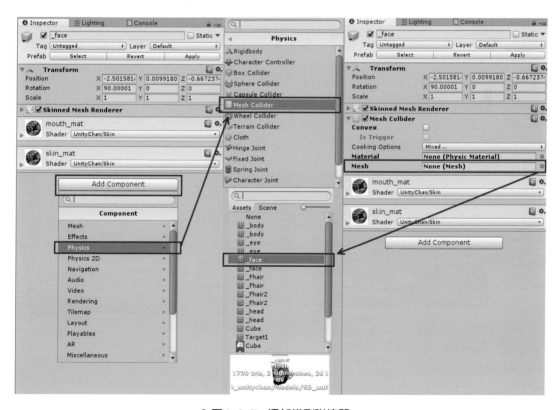

◎ 图6-2-7　添加模型碰撞器

Step 6：添加完Mesh Collider后，给需要被涂色的物体挂载上脚本，分别给SD_unitychan_generic的各个部位、Sphere和Plane挂载脚本。这里依然以SD_unitychan_generic的_face为例，在Insperctor视窗里点击Add Component，搜索Ink Canvas，点击挂载上脚本（图6-2-8）。其他部位的挂载方法相同。

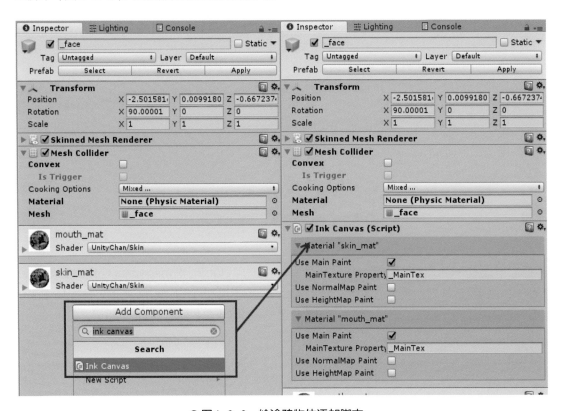

⬥图6-2-8　给涂鸦物体添加脚本

有了"画板"就需要一支"画笔"，接着给Main Camera添加Mouse Painter脚本。Mouse Painter脚本是涂鸦插件Ink Painter自带且很常用的脚本，需要在Mouse Painter里进行一些设置，下面介绍几个关键设置（图6-2-9）。

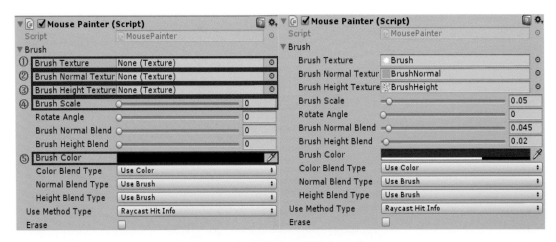

⬥图6-2-9　给摄像机添加脚本及设置

① 画笔的贴图，也是画笔的形状；

② 画笔的法线贴图；

③ 画笔的高度贴图；

④ 画笔的大小；

⑤ 画笔的颜色。

这里 ① ② ③ 如上图右侧所示依次选择Brush、BrushNormal、BrushHeight作为贴图，其他参数可以按需求选择。

Step 7：到这步已经可以实现涂画功能了，不过我们还要加入新的效果。选择之前创建好的Sphere，Sphere上已经添加了InkCanvas脚本，再继续添加一个新的脚本HeightFluid，这个脚本可以让涂画有溶解的效果（图6-2-10）。

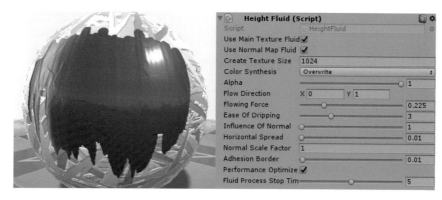

◎ 图6-2-10　添加有溶解效果的脚本

在HeightFluid中也有很多参数可以修改，比如流动的快慢、流下的距离等，也可以自己调整后来实验效果。

Step 8：点击播放按钮运行Unity，这时就可以在Game视窗用鼠标单击涂鸦，选择Main Camera，还可以在Inspector视图下的Mouse Painter里修改画笔的数值，可以边修改边绘制，而且模型自带的动作还可以通过点击Game视窗两边的界面按钮进行变换，经过以上操作来调整涂鸦效果和模型表情，最终得到如图6-2-11所示的效果。

◎ 图6-2-11　效果还原

Unity的Asset Store中有很多方便实现交互的插件，比如在UI交互方面广泛应用的NGUI插件（图6-2-12）。NGUI插件可以轻松实现用户与游戏UI之间的交互，这个插件也是Unity中运用非常多的插件之一。

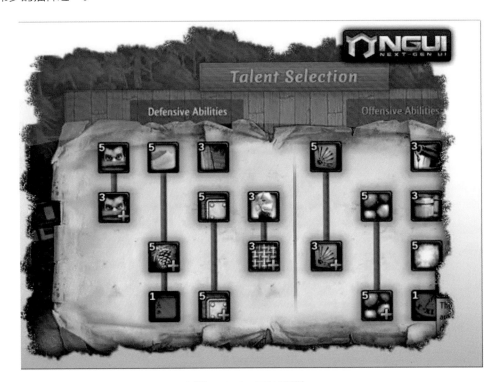

⬡图6-2-12　NGUI插件

除了与贴图和UI交互外，用户还可以与变形模型进行交互，实现这种交互的有扭曲模型插件Mega-Fiers（图6-2-13）。这个插件可以使模型产生形变，从而制造各式各样的模型，也能够做一些形变动画从而产生与模型的交互效果。

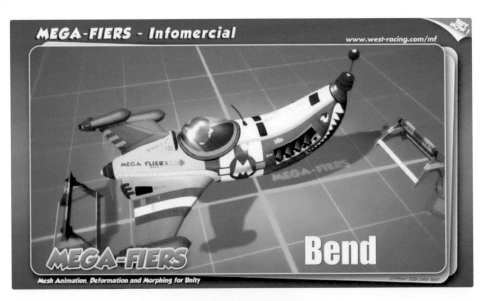

⬡图6-2-13　扭曲模型插件

最后介绍一个相较于复杂的插件——Amplify Shader Editor。作为一个可视化节点编辑器，它赋予 Unity 更为强大的制作功能，无论是在特效交互方面，还是场景互动方面，都让开发者的制作更为便利，不过由于其节点的复杂性，对于初学者而言就不如其他简化插件那么容易上手（图6-2-14）。

● 图6-2-14　ASE节点编辑器

特效的交互制作可依赖于插件进行，也可以使用 Unity 原本的功能进行，接下来的这个案例更多的是介绍如何用 Unity 自己的功能来实现特效的交互运用。

6.2.2　游戏环境的交互实例——暴雨特效

在 VR 游戏交互制作中，特效是不可或缺的，本节案例将带领大家制作 VR 游戏中的特效——暴雨特效，最终效果如图6-2-15所示。案例工程文件、贴图见本书配套的工程文件包。

● 图6-2-15　暴雨特效

Step 1：启动Unity，创建一个新工程，先进行基础设置（图6-2-16）。

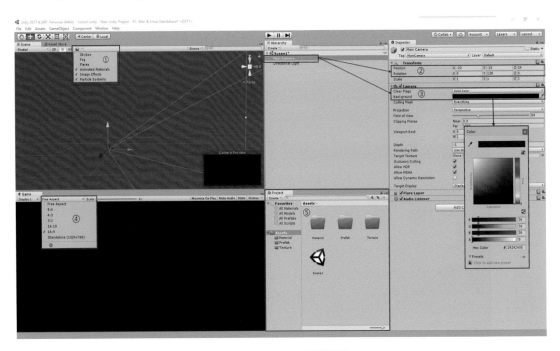

◆图6-2-16　Unity基础设置

① 关闭Skybox、Fog、Flares，关闭后Scene场景以灰色显示，这样方便制作特效时观察效果；

② 为方便之后观察特效，移动和旋转摄像机的坐标，可以直接填写数值，Position（X：-20，Y：-15，Z：24），Rotation（X：0，Y：138，Z：0）；

③ 选择Main Camera，先把Clear Flags改为Solid Color，然后点开Background来修改颜色，颜色为R：36，G：36，B：36；

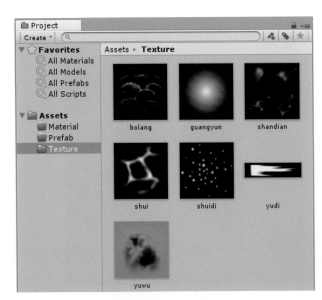

◆图6-2-17　使用贴图

④ 点击Free Aspect，把Game窗口的比例改为16：9；

⑤ 创建3个文件夹用来整理，分别是Material（材质球）、Texture（贴图）、Prefab（预设粒子）。

设置完成后按快捷键Ctrl+S保存场景，命名为Scene1。

Step 2：打开Texture文件夹，把本书配套资源中提供的贴图素材导入进去。本节一共使用了7张贴图（图6-2-17）。

Step 3：特效主要用Unity自带的Particle System（粒子系统）制作。在Hierarchy窗口空白处点击右键，在Effects下就可以找到Particle

System（图6-2-18）。

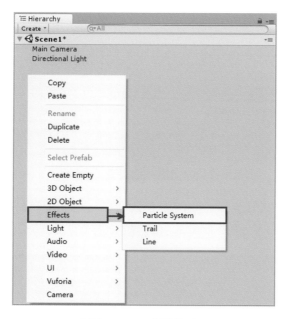

◎ 图6-2-18 创建粒子

Step 4：创建第一个粒子，选择粒子，按F2改名为"baoyu"，来到Inspector面板，将Position坐标归零；找到Particle System下的Renderer（渲染器），此时可以看到Scene场景已经有白色圆形粒子在飘动，把Renderer前的勾去掉，则粒子不会显示；第一个粒子作为之后所有粒子的父级存在，所以对第一个粒子需要关闭Renderer，作为一个总父级粒子来使用（图6-2-19）。

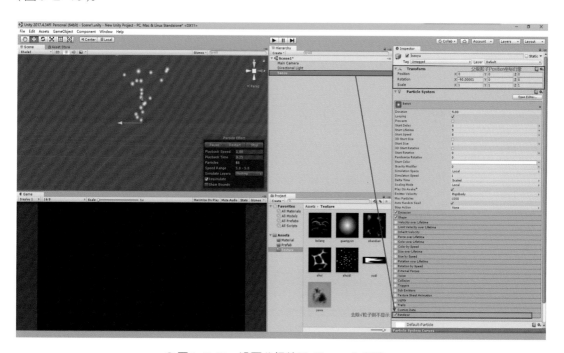

◎ 图6-2-19 设置父级粒子"baoyu"属性

Step 5：创建第二个粒子，用来制作第一层暗色乌云，命名为"wuyun01"；用鼠标左键按住"wuyun01"，拖拽到"baoyu"上，"wuyun01"就成为了"baoyu"的子粒子，后面所创建的粒子都以"baoyu"为父粒子（图6-2-20）。

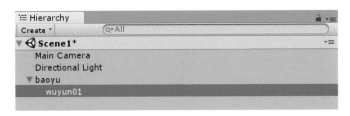

◎图6-2-20　创建子级粒子"wuyun01"

选择"wuyun01"，在Inspector面板下的Particle System进行粒子的设置，粒子系统分为3个部分：粒子的基础属性、粒子的扩展属性、粒子使用的材质球（图6-2-21）。

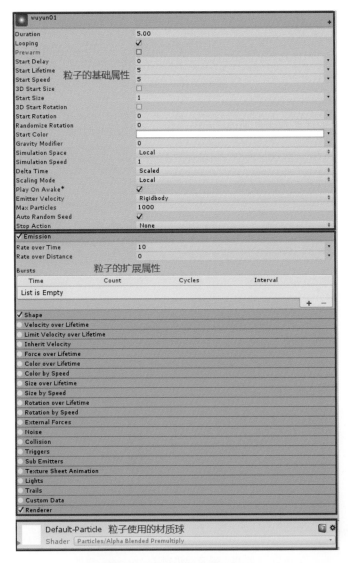

◎图6-2-21　粒子系统属性组成

要使用粒子的扩展属性，需要为属性前的圆点打上勾。点击任意一个扩展属性都可以展开详细的属性内容进行修改。在本案例中，每使用到一个属性都会进行详细介绍。

首先修改基础属性，具体数值如图6-2-22所示。

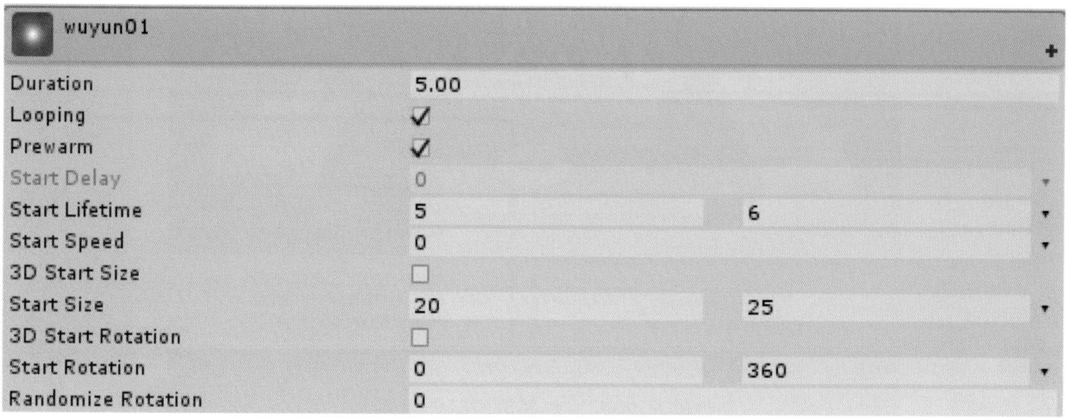

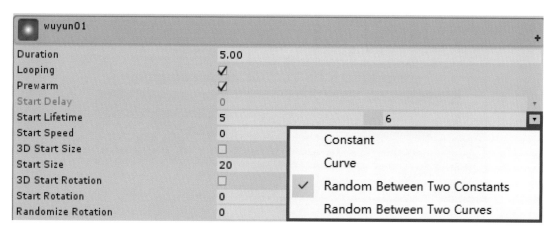

◆ 图6-2-22 粒子系统基础属性

- Duration：控制粒子播放一次的时间，单位为秒；
- Looping：粒子是否循环；
- Prewarm：粒子预热，打勾后粒子会以一开始就播放过一段时间的形式存在；
- Start Delay：粒子延迟播放，如果勾上Prewarm就不能使用延迟；
- Start Lifetime：粒子的初始生命时长；
- Start Speed：粒子的初始速度；
- Start Size：粒子的初始大小；
- Start Rotation：粒子的初始选择角度。

可修改数值处默认是一个数值，代表一个固定数，点击数值后的倒三角可以选择不同属性，需要有随机变化的需选择Random Between Two Constant（图6-2-23）。

◆ 图6-2-23 粒子系统数值属性

- Constant：一个常数，一个固定值；
- Curve：曲线，根据曲线做变化；

● Random Between Two Constants：介于两个常数之间的随机数值，有随机性；

● Random Between Two Curves：两条曲线之间的随机变化。

在基础属性部分，还可以对Start Color（粒子初始颜色）进行修改，同样点开倒三角符号选择不同属性，常用的只有Color（单一颜色）和Random Between Two Colors（两种颜色之间随机）（图6-2-24）。

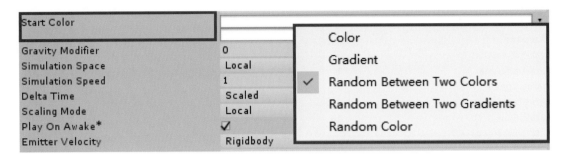

● 图6-2-24 粒子系统颜色属性

这里选择Random Between Two Colors让粒子的颜色有变化，看起来比较丰富，两个颜色数值如图6-2-25所示。

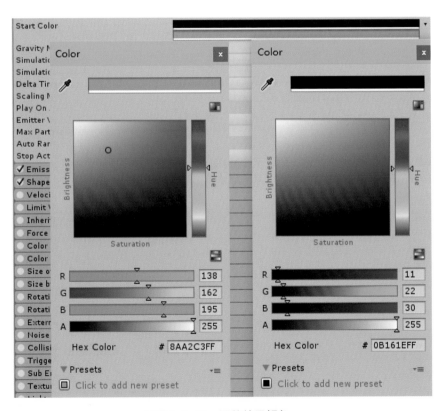

● 图6-2-25 调整粒子颜色

基础属性的修改就到此，接下来修改扩展属性。

展开Emission（发光），这个属性控制粒子发射的数量，修改Rate over Time为30，意为每秒发射30个粒子（图6-2-26）。

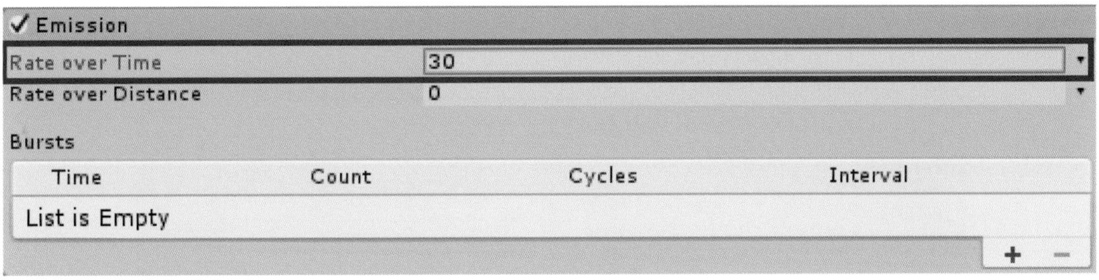

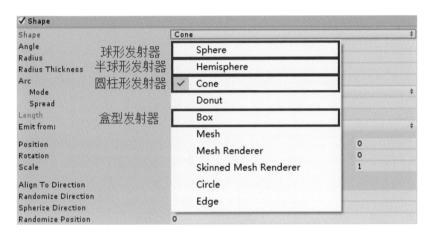

◎图6-2-26　调整粒子数量

展开Shape（形状），该属性控制粒子的发射器形状。根据发射器的不同，粒子发射的方向会不同。在第一个Shape选项中可以选择不同的发射器形状。下面介绍几个常用的发射器形状（图6-2-27）。

◎图6-2-27　粒子发射器介绍

这里选择Box盒型发射器，然后把Scale（缩放）的X、Y都改为50，以便把粒子平铺开（图6-2-28）。

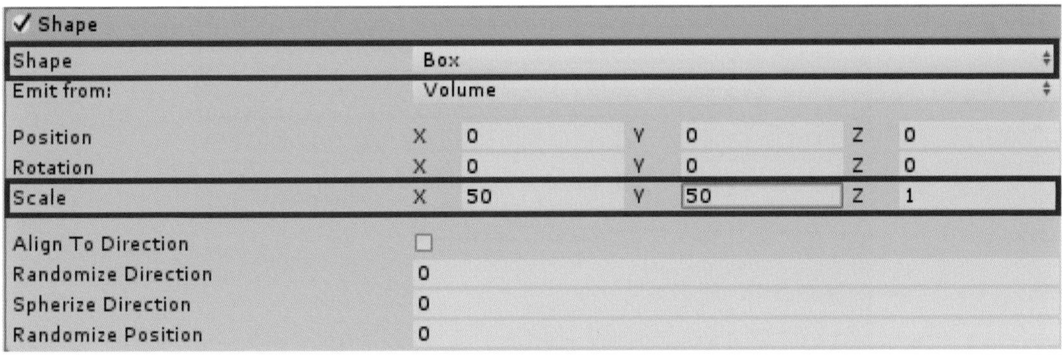

◎图6-2-28　调整粒子发射器

展开Color over Lifetime，这个属性控制粒子的透明度和颜色随着生命变化而变化。点开Color可以看到白色的长方形，其4个角都有按钮，上方的按钮控制透明度，中间可以点击来增加新的按钮，选择按钮，下方会显示Alpha值。这里把两边的Alpha值调为0，在中间新增一个按钮，将Alpha值调为140，这样就能实现粒子淡入淡出的效果（图6-2-29）。

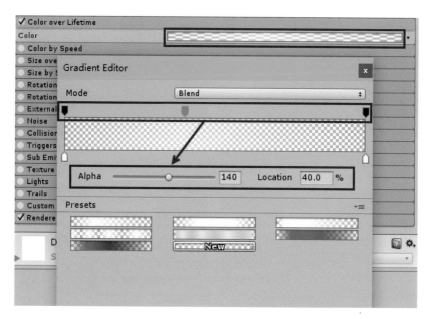

◐ 图6-2-29　调整粒子淡入淡出（1）

上方控制透明度，下方的按钮控制的则是颜色。点击下方按钮，原本的Alpha值变为Color，和控制透明度一样可以在中间加按钮，用来实现颜色变化，不过这里不用调整；再下方Presets下有个New，点击后可以把做好的透明度颜色控制保存成快捷方式，方便下次直接使用，这里点击New保存一个（图6-2-30）。

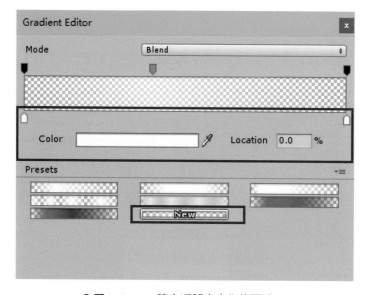

◐ 图6-2-30　建立透明度变化的预设

展开Rotation over Lifetime，这个属性控制粒子随着生命变化而旋转，点开Angular Velocity后的小箭头，改为Random Between Two Constant，输入旋转的数值，该数值代表旋转速度，可以有正有负，这样旋转的方向也会有随机性（图6-2-31）。

✓ Rotation over Lifetime		
Separate Axes	☐	
Angular Velocity	-20	20

◔ 图6-2-31　设置粒子的旋转变化

调整到这一步时，粒子已经初步拥有乌云的形态了，不过粒子本身自带的是一张圆点的贴图，所以在纹理上并不像乌云。在调整这个粒子的最后一个属性Renderer之前，先来创建一个材质球，用来赋予粒子材质。

在Material文件夹里按右键，选Create创建一个"Material"材质球（图6-2-32）。

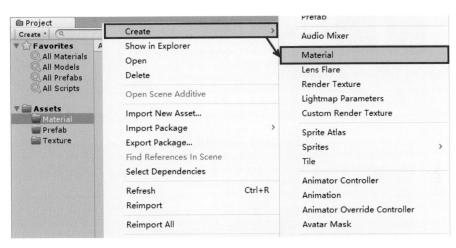

◔ 图6-2-32　创建材质球

为材质球命名"M_wuyun01"。选中材质球，来到Inspector面板。这里材质球的属性是Standard（标准），需要将它改成粒子专用的材质，点开Standard，找到Particles，这里有两个粒子常用的材质球属性（图6-2-33）。

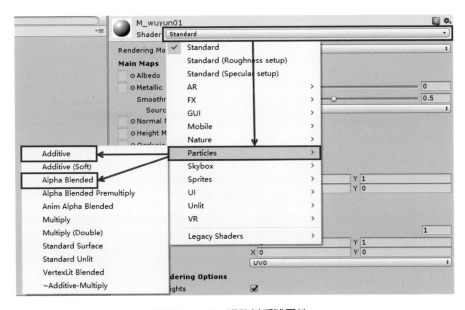

◔ 图6-2-33　调整材质球属性

● Additive（简称ADD）：黑色透明，白色不透明，常用于亮色的粒子；

● Alpha Blended（简称AB）：黑白都不透明，可以根据贴图是否带有Alpha通道来显示透明部分，常用于暗色或是原色的粒子。

这里选择AB模式，将之前导入的"yuwu"贴图赋予该材质球（图6-2-34）。

◎图6-2-34　赋予材质球贴图

材质球创建完毕后，回到粒子"wuyun01"的属性，展开Renderer，这里介绍几个常用属性（图6-2-35）。

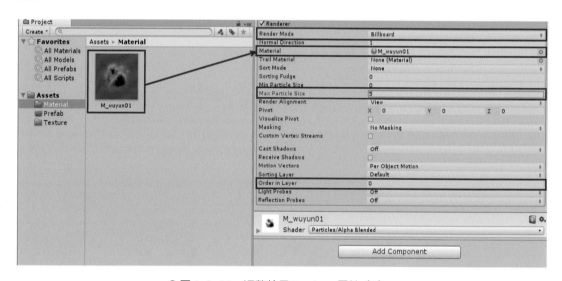

◎图6-2-35　调整粒子Renderer属性（1）

● Render Mode：粒子的渲染模式，共5个，其中3个最常用。

——Billboard：公告板模式，粒子会永远对着摄像机；

——Stretched Billboard：拉伸公告板，可以使粒子进行拉伸，必须在Start Speed不为0的情况下才能生效；

——Horizontal Billboard：平铺公告板，粒子变成平铺于水平线的模式。

● Material：粒子的材质，把之前做好的材质球直接赋予上去，粒子就有材质了。

● Max Particle Size：用于调整粒子在摄像机前的最大显示，当摄像机靠近粒子时，如果这个数值不够大，粒子的显示就会根据摄像机的距离进行缩小。

● Order in Layer：这是粒子的层级，粒子之间的前后关系靠这个数值来调整，数值越大越靠前，可以用负值。

第一个粒子的制作到此结束，效果已经可以在Game视图看到了。特效的制作无外乎就是粒子系统与贴图的搭配，之后将继续创建新粒子来丰富效果，重复的功能就不再赘述，跟着本书提供的数值填写即可做出一样的效果，后面如果使用到新功能会再单独进行详解。

Step 6：为了丰富乌云的效果，将做好的"wuyun01"复制一个，改名为"wuyun02"，将"wuyun02"作为乌云的亮色，这里只用改三个地方。

由于两个乌云所使用的是同一张贴图，所以材质球直接复制"M_wuyun01"即可，将复制的材质球命名为"M_wuyun02"，模式改为ADD模式，改好后把"M_wuyun02"赋予到"wuyun02"上。

赋予后可能会看不到效果，这里需要把Order in Layer的数值调到1，这样"wuyun02"的层级比"wuyun01"大，"wuyun02"就能显示在"wuyun01"的前面了。

此时"wuyun02"显示会曝白，这是因为在ADD模式下，颜色会变得比以前更亮，这时展开Color over Lifetime，把透明度中间按钮的Alpha值降到30，颜色就变得正常多了，并且有暗有亮，丰富了许多。

第二层乌云也调整完毕，具体流程如图6-2-36所示。

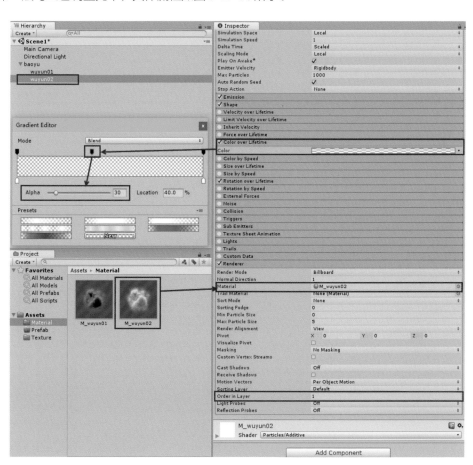

⚪图6-2-36　调整粒子"wuyun02"基础属性

Step 7：接着制作一个环境光的效果，直接复制"wuyun02"，改名为"huanjingguang"，并修改基础属性数值（图6-2-37）。

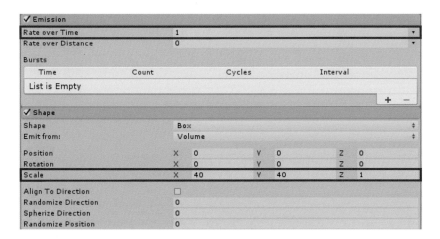

◔图6-2-37 调整粒子"huanjingguang"基础属性

Emission和Shape属性的修改如图6-2-38所示。

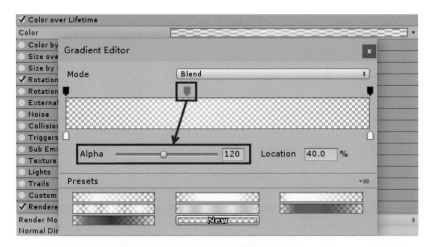

◔图6-2-38 调整粒子发射数量和发射器形状

Color over Lifetime属性修改如图6-2-39所示。

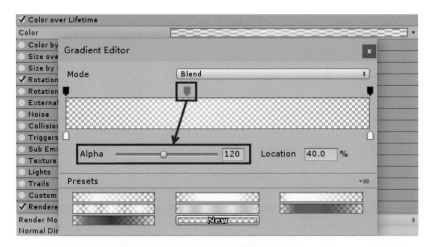

◔图6-2-39 调整粒子淡入淡出（2）

创建一个新材质球，命名为"M_huanjingguang"，并将其改为ADD模式，使用贴图"guangyun"，将其赋予到"huanjingguang"，将层级改为2（图6-2-40）。

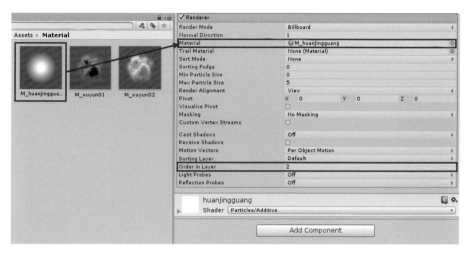

○图6-2-40 调整粒子Renderer属性（2）

Step 8：环境光制作完成，接着制作与环境光一同出现的闪电。依旧复制"huanjingguang"，改名为"shandian"。"shandian"的基础属性数值修改如图6-2-41所示。

shandian		
Duration	5.00	
Looping	✓	
Prewarm	✓	
Start Delay	0	
Start Lifetime	0.1	0.2
Start Speed	0	
3D Start Size	☐	
Start Size	15	20
3D Start Rotation	☐	
Start Rotation	0	360
Randomize Rotation	0	
Start Color		

○图6-2-41 调整粒子"shandian"基础属性

Emission属性修改如图6-2-42所示。

✓ Emission			
Rate over Time	0		
Rate over Distance	0		

Bursts

Time	Count	Cycles	Interval
1.000	2	1	0.010
2.500	1	1	0.010
3.500	3	1	0.010
4.000	2	1	0.010

○图6-2-42 调整粒子发射数量

这里用到了Emission里的新属性Bursts。这里原本没有数值可调，点击右下角的加减符号，可以添加或删除可控值，每添加一条就多4个可修改的数值，其中需要修改的是第一个Time以及第二个Count，该属性用于控制时间及粒子的出生状况，例如某秒出现多少颗粒子。通过这个属性进行相应的控制，能让粒子在不同时间段出现。

Color over Lifetime（颜色根据生命周期分布）属性的修改如图6-2-43所示。

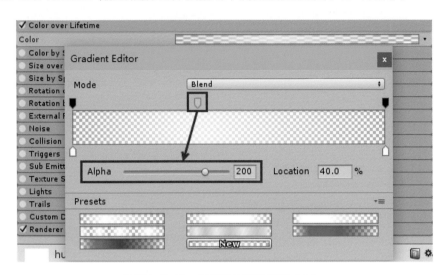

⬣ 图6-2-43　调整粒子淡入淡出（3）

由于闪电出现时不需要旋转，这里把闪电的Rotation over Lifetime（旋转根据生命周期分布）前的勾去掉。

接着讲一个重要的新属性Texture Sheet Animation，这是制作序列粒子时必须用到的属性，它可以播放序列帧，或是根据一张序列贴图进行随机播放。

以这张"shandian"贴图为例，它由4张大小一样的贴图组合而成，从坐标的形式来看，横向是2，竖向也是2（图6-2-44）。

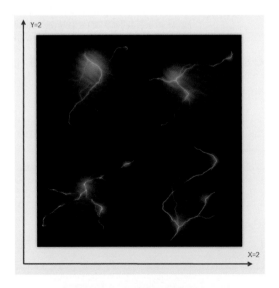

⬣ 图6-2-44　序列图介绍

这里正好对应了Texture Sheet Animation下Tiles属性下的X、Y（图6-2-45）。

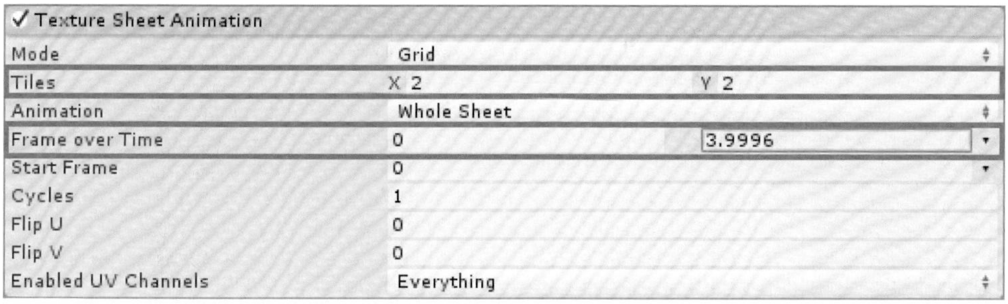

◎图6-2-45　粒子序列属性

将Tiles修改为X：2，Y：2后，此时的闪电会以序列帧的形式播放，但这里只需随机播放4张闪电贴图，把Frame over Time的曲线改为两个值随机即可，且随机值是0到这张序列贴图X、Y值的乘积。

之后，创建一个ADD材质球，命名为"M_shandian"，将贴图"shandian"赋予粒子后，修改层级为3，闪电制作完成（图6-2-46）。

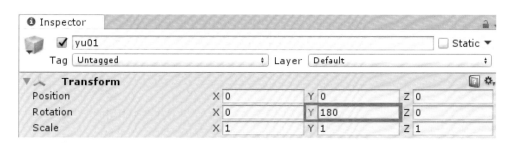

◎图6-2-46　调整粒子Renderer属性（3）

Step 9：接下来进行雨的制作，因为雨和乌云的属性不同，这里就不能复制了。新建一个粒子来做雨，命名为"yu01"。关于雨的坐标位置，因为雨要向下落，所以这里把粒子的方向翻转180度（图6-2-47）。

◎图6-2-47　调整粒子"yu01"位置属性

"yu01"的基础属性数值修改如图6-2-48所示。

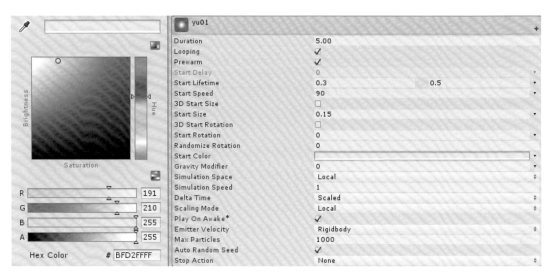

○ 图6-2-48　调整粒子"yu01"基础属性

Emission和Shape属性的修改如图6-2-49所示。

✓ Emission						
Rate over Time	100					
Rate over Distance	0					
Bursts						
Time		Count		Cycles		Interval
List is Empty						
					+	−
✓ Shape						
Shape	Box					
Emit from:	Volume					
Position	X	0	Y	0	Z	0
Rotation	X	0	Y	0	Z	0
Scale	X	60	Y	60	Z	1
Align To Direction	☐					
Randomize Direction	0					
Spherize Direction	0					
Randomize Position	0					

○ 图6-2-49　调整粒子发射数量和发射器形状

展开Velocity over Lifetime，这个属性是方向的偏移随着生命变化而变化。这里有X、Y、Z三个轴，对应着场景里的轴向，赋予轴以数值，粒子的移动就会朝某个方向进行偏移。0为无速度，数值越大偏移的速度越快，负值则是朝反方向偏移。这里修改属性为两值之间随机，分别给予X、Y不同的数值，这样雨看起来就会有随机的飘向（图6-2-50）。

○ 图6-2-50　调整粒子的方向偏移速度

Color over Lifetime属性修改如图6-2-51所示。

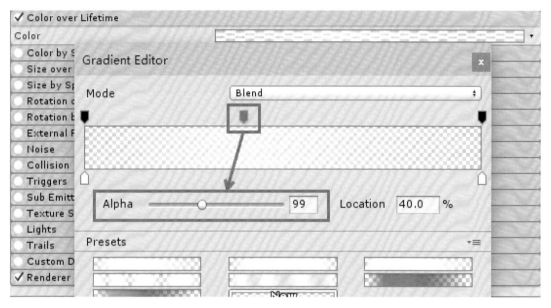

◎图6-2-51　调整粒子淡入淡出（4）

创建一个ADD材质球，命名为"M_yu"，将贴图"yudi"赋予到粒子上，修改最大粒子尺寸，层级为0。这里需要把Render Mode改为Stretched Billboard（拉伸模式），修改后下方多了三个属性。修改第三个Length Scale，这个属性控制粒子拉伸的长短，要实现雨的效果，就把这个数值调高，这样粒子也会被拉得细长，类似于雨滴（图6-2-52）。

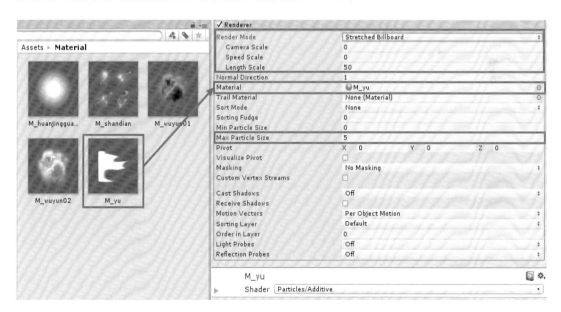

◎图6-2-52　调整粒子Renderer属性（4）

Step 10：第一层雨做好了，复制一层并改名为"yu02"，修改几个数值来丰富雨的效果，其基础属性修改如图6-2-53所示。

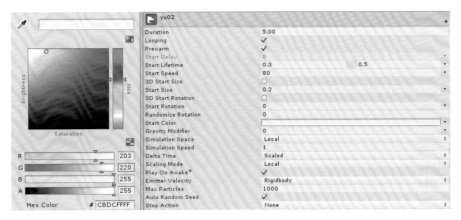

◔图6-2-53　调整粒子"yu02"基础属性

如图6-2-54所示修改Color over Lifetime属性。

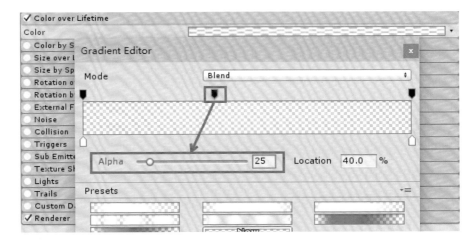

◔图6-2-54　调整粒子淡入淡出（5）

Renderer属性修改如图6-2-55所示。

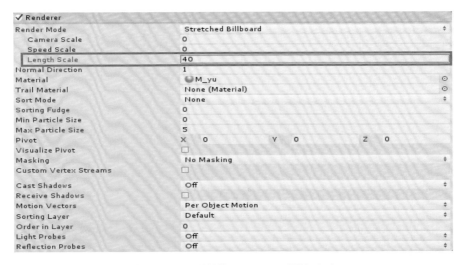

◔图6-2-55　调整粒子Renderer属性（5）

Step 11：雨的效果制作完毕，接下来制作与雨一起往下落的雾气。这里依然可以复制之前做好的"wuyun02"，改名为"wuqi"。对于基础属性里初始速度，只需给一个负值，之前的乌云就会向下落，形成雾气的效果（图6-2-56）。

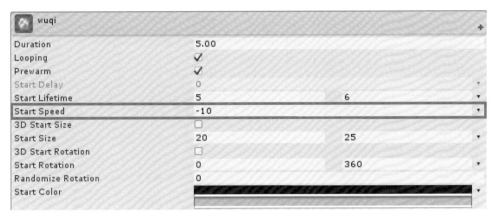

○图6-2-56　调整粒子"wuqi"基础属性

在Color over Lifetime面板再次降低透明度（图6-2-57）。

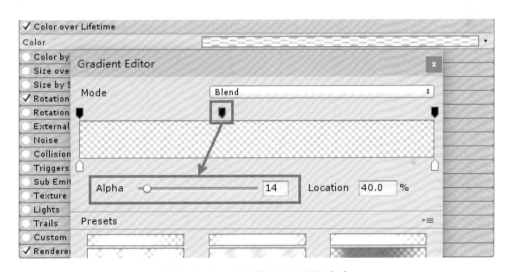

○图6-2-57　调整粒子淡入淡出（6）

Step 12：下降的雾气制作完毕，准备制作水面的效果。新建粒子并命名"shuibo01"，因为水面在乌云的下方，所以要移动其位置至乌云下（图6-2-58）。

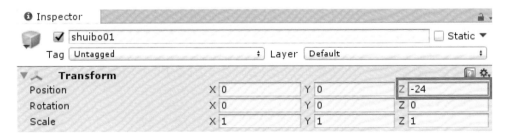

○图6-2-58　调整粒子"shuibo01"位置属性

"shuibo01"的基础属性修改见图6-2-59。

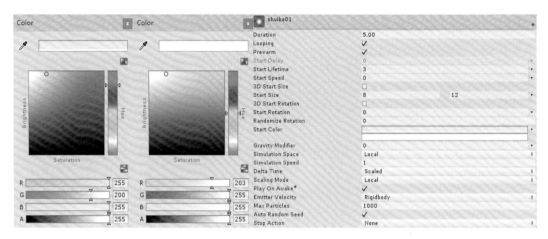

○图6-2-59　调整粒子"shuibo01"基础属性

Emission和Shape属性修改如图6-2-60所示。

✓ Emission

Rate over Time	20	
Rate over Distance	0	

Bursts

Time	Count	Cycles	Interval
List is Empty			

+ −

✓ Shape

Shape	Box	
Emit from:	Volume	

Position	X	0	Y	0	Z	0
Rotation	X	0	Y	0	Z	0
Scale	X	50	Y	50	Z	1

Align To Direction	☐
Randomize Direction	0
Spherize Direction	0
Randomize Position	0

○图6-2-60　调整粒子发射数量和发射器形状

水波的走向也要有随机性，这就要使用到Velocity over Lifetime属性（图6-2-61）。

○图6-2-61　调整粒子的方向偏移速度

在Color over Lifetime面板设置淡入淡出（图6-2-62）。

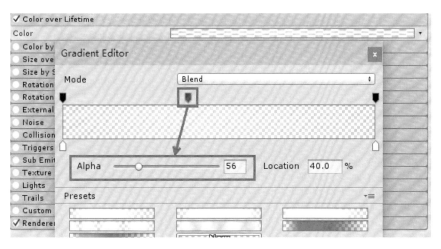

◎图6-2-62　调整粒子淡入淡出（7）

创建一个ADD材质球，命名为"M_shuibo01"，使用贴图"bolang"，将其赋予到粒子上，修改最大粒子尺寸，层级为0，将Render Mode改为Horizontal Billboard模式，这样水波就呈平铺模式，像水面一样（图6-2-63）。

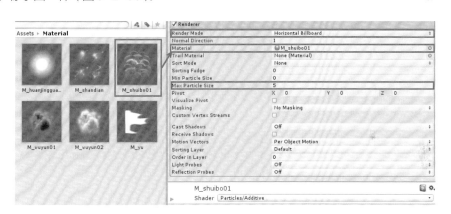

◎图6-2-63　调整粒子Renderer属性（6）

Step 13：第一层水面制作完毕后，为了丰富水面纹理，这里复制一层并改名为"shuibo02"，为实现纹理随机性修改部分基础属性（图6-2-64）。

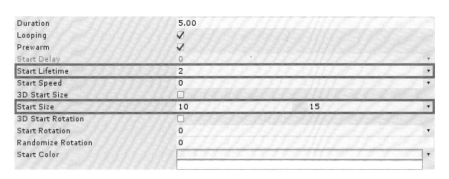

◎图6-2-64　调整粒子"shuibo02"基础属性

Emission和Color over Lifetime属性修改如图6-2-65所示。

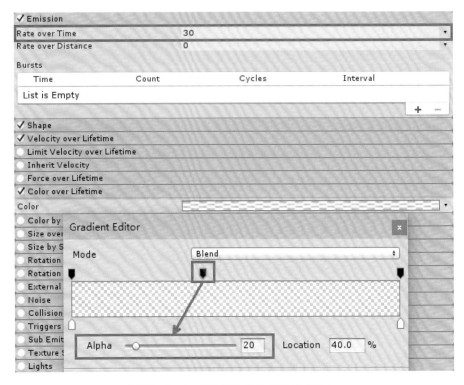

○图6-2-65　调整粒子数量和淡入淡出

复制材质球"M_shuibo01"，命名为"M_shuibo02"，将贴图替换为"shui"，赋予到
"shuibo02"（图6-2-66）。

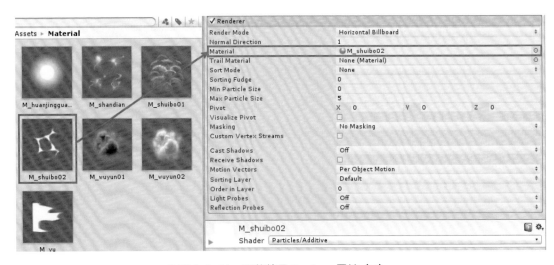

○图6-2-66　调整粒子Renderer属性（7）

Step 14：水面的纹理已经制作得非常丰富，接着再添加一层雾气，使得水面效果更为真实，
这里可直接复制粒子"wuqi"，改名为"wu"，将其位置移动到和水面差不多的地方即可，当作是
水面上泛起的雾气，如图6-2-67所示修改部分基础数值。

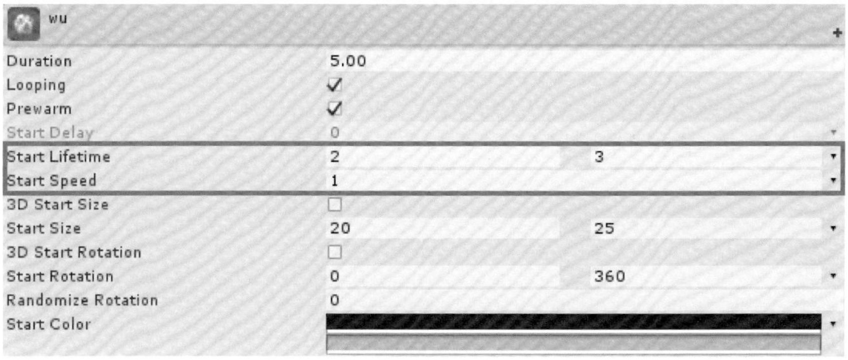

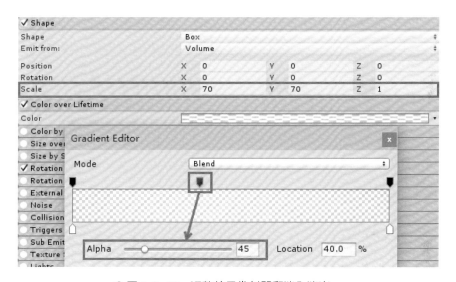

△图6-2-67　调整粒子"wu"基础属性

Step 15：为了让水面的效果更加真实，这里复制一层"wuyun01"，命名为"daoying"，将其位置摆放到水面下，做成一个倒影的效果，倒影只需要扩大范围和降低透明度即可（图6-2-68）。

△图6-2-68　调整粒子发射器和淡入淡出

Step 16：最后建一个粒子制作雨滴落入水中溅起的水花效果。新建粒子，并命名为"shuihua"，为其基础属性修改数值（图6-2-69）。

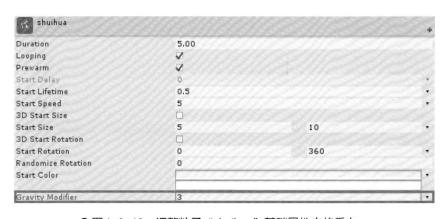

△图6-2-69　调整粒子"shuihua"基础属性中的重力

图中红框特别标注的是基础属性中的一个新属性Gravity Modifier（重力），其效果就像粒子会受到地心引力一样，无论朝哪个方向发射，都会有向下坠的趋势。

Emission属性修改如图6-2-70所示。

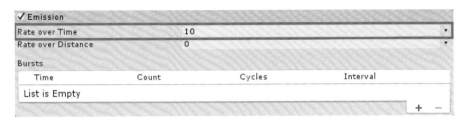

☁ 图6-2-70　调整粒子数量

Shape属性使用默认的Cone发射器。Cone是圆柱形发射器，下面的两个属性Angle和Radius分别控制圆柱扩开的角度和圆柱底的半径，这样水花溅起时就会有不同的角度，具体数值见图6-2-71。

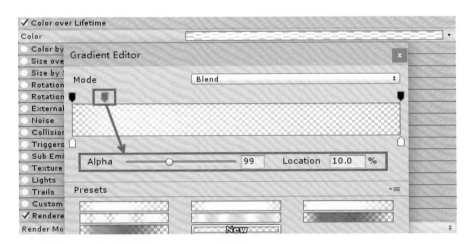

☁ 图6-2-71　调整粒子发射器

展开Color over Lifetime，将中间控制Alpha值的按钮调至靠前，可实现粒子快速淡入、缓慢淡出的效果（图6-2-72）。

☁ 图6-2-72　调整粒子淡入淡出（8）

展开Size over Lifetime（尺寸根据生命周期分布），这个属性用于控制粒子大小随生命变化而变化，默认使用曲线控制，在粒子的Inspector面板的最下方有个额外的窗口，写着Particle System Curves（粒子系统曲线），点击展开即出现粒子系统的曲线编辑器窗口（图6-2-73）。

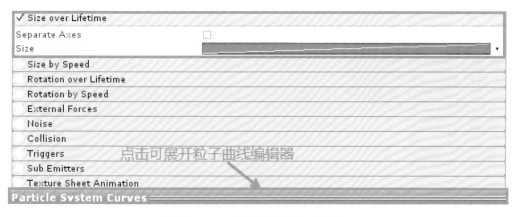

◯ 图6-2-73　调整粒子的大小变化

展开Particle System Curves后，点一下Size over Lifetime里Size的曲线窗口，曲线编辑器里就会出现对应的曲线。对于曲线的编辑，之后的进阶特效里会详细讲解，简单的用法为移动曲线两头的点（图6-2-74）。

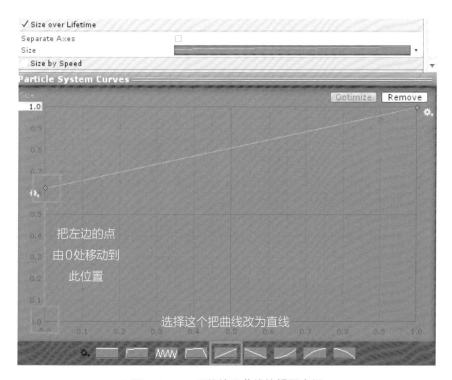

◯ 图6-2-74　调整粒子曲线编辑器介绍

当改为这样的曲线后，水花出现时就会由小变大。

创建一个ADD材质球，命名为"M_shuihua"，使用贴图"shuidi"，将其赋予到粒子上，修改最大粒子尺寸，层级为0（图6-2-75）。

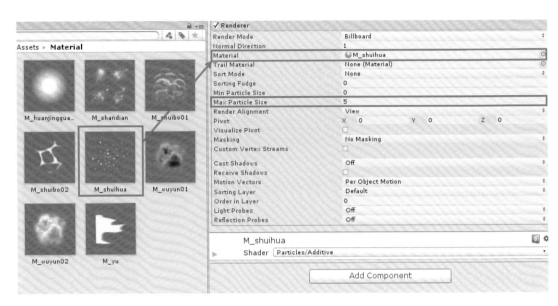

○图6-2-75　调整粒子Renderer属性（8）

一个简单的暴雨特效至此就制作完成了。在这个案例中，我们讲解了Unity交互设计中大部分特效制作所需的功能。对于具体功能的运用大家可以自行尝试，有些数值并不是死板的，灵活地变化使用可以达到各种效果，进而渐渐熟悉粒子系统的功能，以及交互设计中特效设计的思路。

6.3 增强现实交互设计应用

6.3.1 AR制作的插件介绍

在介绍过AR的定义后，本节将详解如何实现AR制作。这里以远古生物AR作为分析案例，其中包括制作过程以及现阶段AR制作还存在的多种问题。

AR的制作依然可以使用Unity。Unity作为集大成的游戏引擎，AR的开发自然也在其中。现阶段，市场对于AR的重视使得许多厂商为便于开发，提供了基于Unity的各类AR插件，这就使得了一般人也能够使用Unity来开发出AR产品，以及更好地学习AR的开发。常用插件有Vuforia（高通）、EasyAR、百度AR等。

这里介绍两个最实用的AR插件——Vuforia与EasyAR。

Vuforia作为比较老牌的AR插件，很早以前就推出了支持Unity的SDK，经过不断的完善，从Unity 2017.2版本之后变为Unity内置的插件，功能强大，从平面追踪到3D物体追踪都能实现，不过在3D物体追踪上不是很完美，对在扫描3D物体项目中的使用或多或少有影响，但在普通项目中使用的话完全足够。对于Vuforia的使用，因为是高通制作的全英文插件，初学者可能会比较难入手，但是Vuforia的使用教程也很多。本章将使用Vuforia来进行后面案例的开发。

EasyAR作为国内开发比较早的一个AR插件。由于由国人开发，关于教程的使用和各类问题，在其官网上都有很好的中文说明，更适于自学。EasyAR的短板也显而易见，相比起国外更早的AR插件，EasyAR更多地在功能上会有些不足。不过作为入门学习的话，其基础功能很完善。另外，由于为国内团队开发，EasyAR在功能更新方面也更为便捷，因而吸引了更多的初学者使用。

AR的开发多少会涉及代码的编写，为便于初学者学习，本章更多介绍的是怎样使用Vuforia插件来实现AR效果，所以在项目上更偏向于展示型的AR。

6.3.2　AR应用开发实战

在本节案例中将介绍Vuforia SDK的基本用法，以实现扫描自定义图片来生成自定义模型的效果。案例工程文件见本书配套的文件包。

Step 1：本次使用Unity 2017.4.3版本来进行开发。在开发之前，先确保安装Unity时安装了这个部件（图6-3-1）。

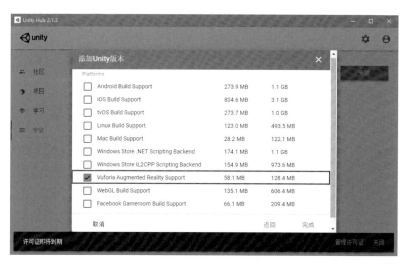

◆图6-3-1　Vuforia SDK安装

打开Unity，创建一个新工程，取名为"AR_Project"。进入主界面，在Hierarchy窗口下点击右键，在Vuforia中选择AR Camera，弹出窗口后选择Import，导入Vuforia插件（图6-3-2）。

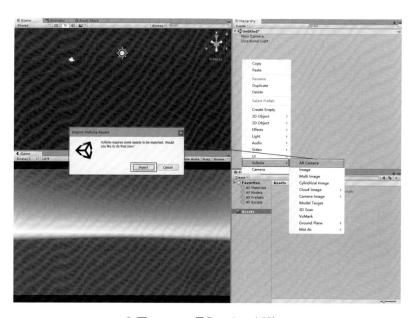

◆图6-3-2　导入Vuforia插件

导入后可以看到Hierarchy窗口下多了一个AR Camera，以及在Project项目文件里，多了四个新的文件夹，分别是Editor、Models、StreamingAssets、Vuforia。之后，我们把场景里的Main Camera删除，留下AR Camera即可（图6-3-3）。

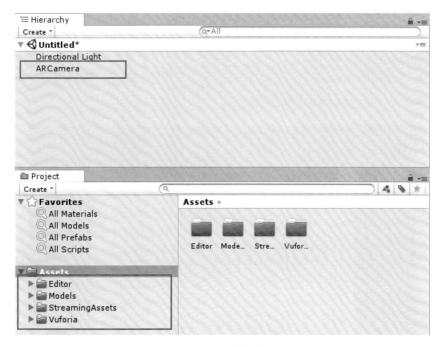

⬥图6-3-3　Vuforia插件导入成功

接着，打开Unity顶部面板的Edit→Project Settings→Player，在Inspector面板下，找到XR Settings，展开后把Vuforia Augmented Realit Supported打上勾，可以看到Project面板下又多了一个Resources文件夹（图6-3-4）。

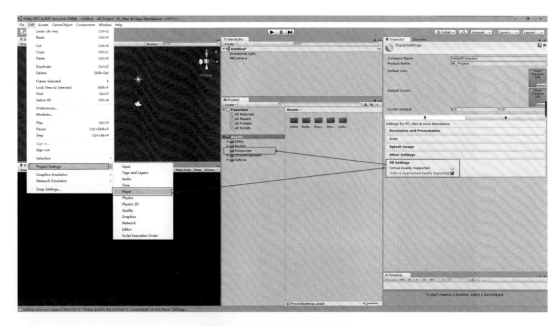

⬥图6-3-4　Vuforia插件设置

至此，Unity的前期配置工作已经完成，接下来要进行Vuforia的使用准备。

Step 2：打开Vuforia的官网 https://developer.vuforia.com/，右上角有Log In（登录）和Register（注册），自行注册一个账号并登录（图6-3-5）。

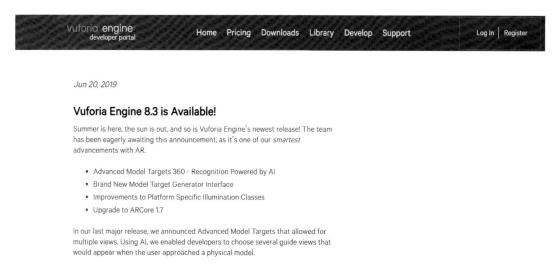

◆ 图6-3-5　Vuforia官网界面

注册、登录之后，点击上方的Develop，来到获取密钥的界面，点击Get Development Key创建密钥（图6-3-6）。

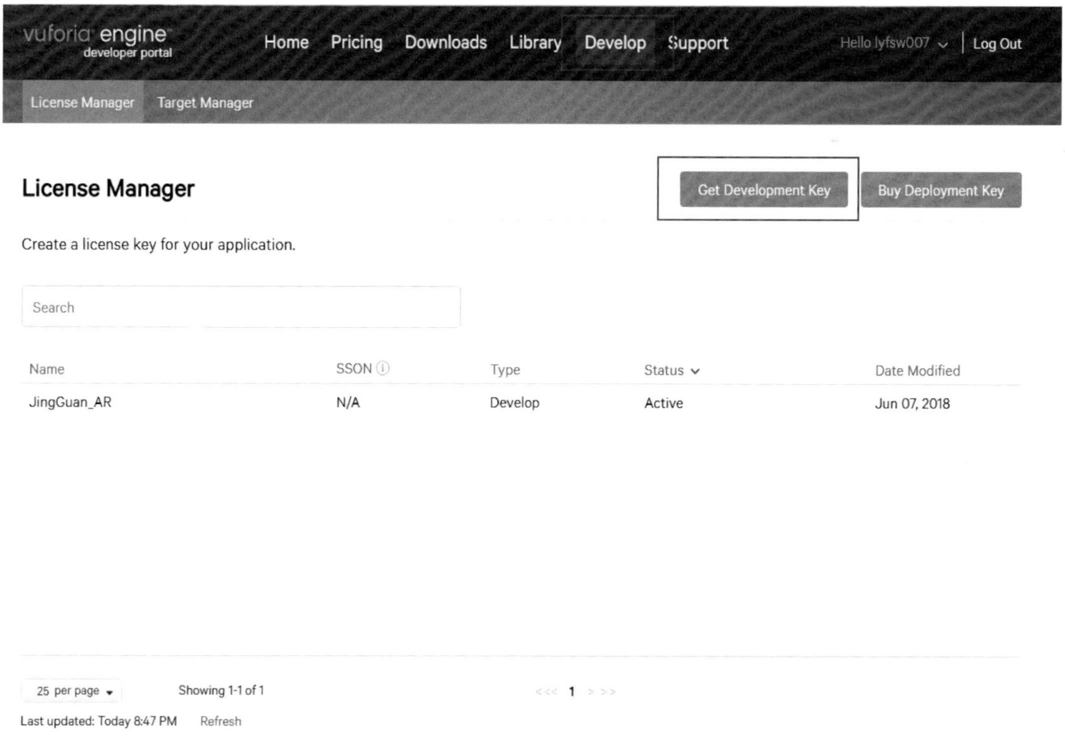

◆ 图6-3-6　在Vuforia的基础设置中创建密钥

进入创建界面，给密钥取一个名字，打上勾，点击Confirm创建（图6-3-7）。

vuforia engine
developer portal

Home　Pricing　Downloads　Library　Develop　Support

Back To License Manager

Add a free Development License Key

License Name *
AR

You can change this later

License Key

Develop
Price: No Charge
VuMark Templates: 1 Active
VuMarks: 100

☑ By checking this box, I acknowledge that this license key is subject to the
terms and conditions of the Vuforia Developer Agreement.

Cancel　　Confirm

◔ 图6-3-7　为密钥命名并创建

创建成功后，在图6-3-6的界面多出了刚才取名的密钥，点进去后复制密钥（图6-3-8）。

License Manager > AR

AR　Edit Name　Delete License Key

License Key　　　　Usage

Please copy the license key below into your app

AQ07Jev/////AAABmUdZmLavAkA1tDfiYw6gYqsQyt4kygRYolFflwBxAoAthadHln//5NkTQk4AsV2uF9Xv21gvXr+q
FOCYC1sBUiUj89bXYAKPF1jZHDtuhTPzPZry+/kvnCvyJd750/1+/FKx7WTdRaMCr0Ax88QBfDlo1KIhvJYjxws0/xgM
IIgAYFZxmw1WymGxP9IIvYjrnuRQZHm+7t/h6gcT5B0M8qRklTbjhLGFB+0jeg7DhBcOPo082WyXd2GugJ+KXxEaR6Tg
Wp0JPpBIvQ0LP2ygveyo+3Wt7JGzCoJNsRUONMlyFD+D1JNF9v8sh1i+GJQ6/C/vQEe0dIqfSqUz1u+u3Ba8u6PNo1/v
DaCTC8ctoHfp

Plan Type: Develop
Status: Active
Created: Jul 20, 2019 21:16
License UUID: 1277128bb56a42d2ab44ad4a15808971

Permissions:
- Advanced Camera
- External Camera
- Model Targets
- Watermark

History:
License Created - Today 21:16

◔ 图6-3-8　复制密钥代码

回到Unity，找到AR Camera，在Inspector面板下找到Vuforia Behaviour，点击Open Vuforia configuration，进入AR Camera的设置界面，把刚才复制的密钥粘贴到App License Key里面（图6-3-9、图6-3-10）。

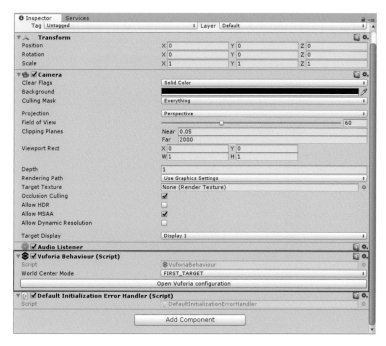

◎ 图6-3-9　AR摄像机的设置

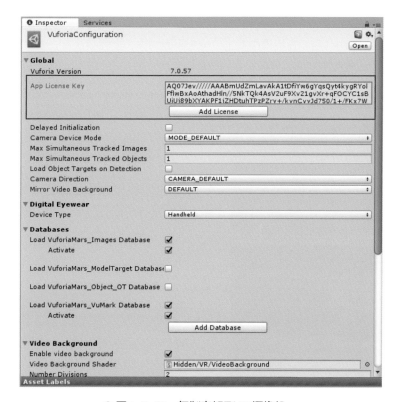

◎ 图6-3-10　复制密钥到AR摄像机

至此，摄像机已经配置完成。这个密钥的意义在于后期发布时，如果摄像机设置没有填写在Vuforia官网，所创建的密钥就没法发布成功，所以在前期就需要准备好。

Step 3：以上都配置好后，接下来创建一个Image Target，这是与AR Camera相辅相成的另一个关键物体。AR Camera的功能是负责看，而Image Target的功能就是展示看到的东西是什么。创建Image Target的方法和创建AR Camera一样（图6-3-11）。

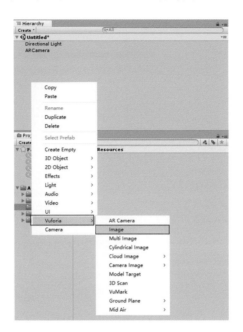

● 图6-3-11　创建Image Target

创建好Image Target后，在场景中多出了一个平面物体，上面默认有一张材质图片，摆好物体位置后，在Game视图中能透过摄像机看到图片的正面（图6-3-12）。

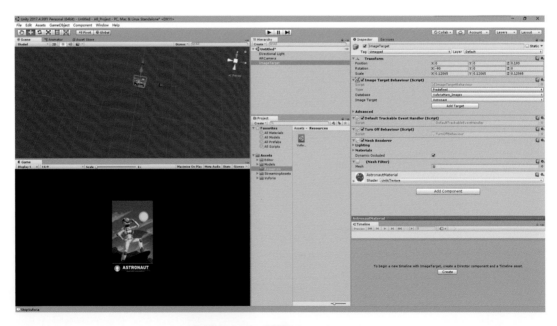

● 图6-3-12　设置Image Target

继续以Image Target为父级，导入三叶虫的模型并放至 Image Target下，把三叶虫模型的位置摆到图片正上方。到这一步，已经可以实现最基本的AR效果了。点开Unity的播放按钮，如果电脑有摄像头或者连接着的手机可以作为摄像头，这时Gmae视图就会变成电脑摄像机的视角，此时把Image Target中的这张图片放到镜头前，就可以看到图片上出现了三叶虫（图6-3-13）。

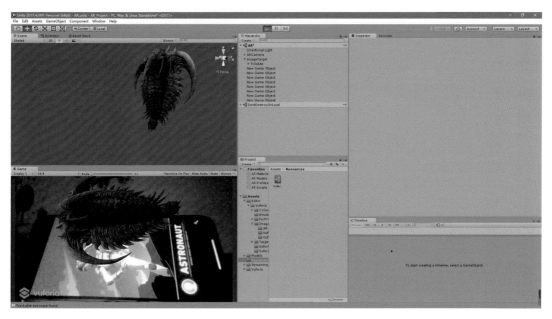

◢图6-3-13　导入模型到Image Target运行

Step 4：这时已经成功实现了AR的效果，但只有扫描这张图片时才能出现作为其子物体的物体。如果想要使自定义图片，也能实现这一效果。回到Vuforia官网，在Develop界面选择Target Mananger，来到自定义创建Target的界面，点击Add Database来创建一个识别图库，输入图库的名字，Type选择默认的即可（图6-3-14）。

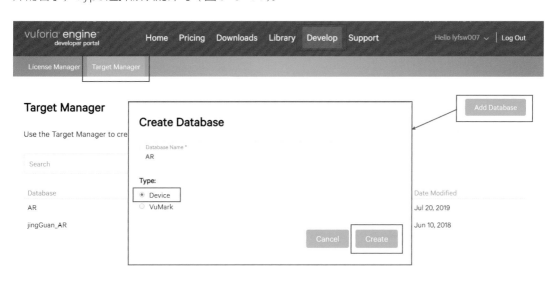

◢图6-3-14　创建自定义Image Target项目

创建好后，点进刚创建好的图片库，来到图片库的界面。在这里点击Add Target来添加需要识别的图片（图6-3-15）。

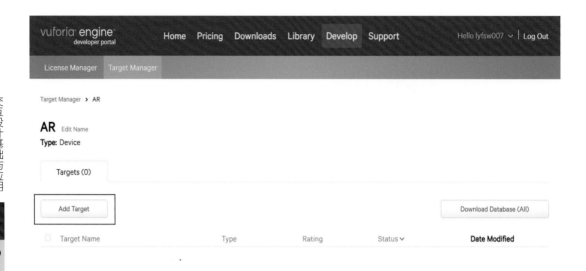

Target Manager > AR

AR Edit Name
Type: Device

Targets (0)

Add Target

Download Database (All)

☐   Target Name   Type   Rating   Status ∨   **Date Modified**

⬡ **图6-3-15   添加自定义Image Target图片**

来到添加页面，可以看到第一排有四个选项可选，分别是Single Image、Cuboid、Cylinder、3D Object。

● Single Image：单个平面，也就是常用的图片识别，可以直接上传想要识别的图片来使用。

● Cuboid：长方体识别，一般用作对标准方形物体的识别，不常用。

● Cylinder：圆柱体识别，用于对圆柱物体的识别，也不常用。

● 3D Object：3D物体的识别，相比上述两种，更容易被用到，当想要做一些不规则物体识别时可以使用，但是使用起来比较麻烦，且效果不是很理想，这也和目前AR识别技术上的不足有一定关系。

这里着重介绍Single Image的属性：File，可以上传最大不超过2MB的jpg或png格式的图片；Width指的是图片的宽度，这个宽度会影响到这张图在Unity中的大小；Name则指在Unity中选择这张图时的名称（图6-3-16）。

这里上传了两张图片，分别是一张整体偏绿的图片、一张五颜六色的图片。可以看到上传过后，两张图片都处于一个图片库下，且后面都跟有属性。其中，Rating属性下显示着星级，绿图的后面没有星，而彩图后面五颗星。需要说明一下，这里的星级代表的是这张图片的识别度，星级越高识别度越高。在被扫描时，图片能够被识别的程度取决于这个星级，这个星级和图片本身有关。Vuforia的图片识别技术基于的是图片的黑白关系，图片的对比度越大，越容易被识别，所以比起整体一个色调的图片，对比强烈的图片能够更好地作为识别图（图6-3-17）。

Add Target

Type:

Single Image	Cuboid	Cylinder	3D Object

File:

Choose File   Browse...

.jpg or .png (max file 2mb)

Width:

Enter the width of your target in scene units. The size of the target should be on the
same scale as your augmented virtual content. Vuforia uses meters as the default unit
scale. The target's height will be calculated when you upload your image.

Name:

Name must be unique to a database. When a target is detected in your application, this
will be reported in the API.

Cancel   Add

⬥图6-3-16　Image Target自定义设置

Targets (2)

Add Target   Download Database (All)

Target Name	Type	Rating	Status ⌄	Date Modified
☐ 2	Single Image	★★★★★	Active	Jul 20, 2019 23:24
☐ lv	Single Image	★★★★★	Active	Jul 20, 2019 23:24

⬥图6-3-17　Image Target自定义图片的识别度

Tip：对于3D Object的识别，Vuforia识别的是物体的棱角，物体棱角越多就越容易识别，但是识别的条件依然很苛刻。

上传好图片后，选择Download Database进行图片库的下载。这里可以勾选需要哪几张图片，如果不勾选则默认全部下载，点开后选择Unity Editor，点击Download开始下载（图6-3-18）。

Download Database

2 of 2 active targets will be downloaded

Name:
AR

Select a development platform:

○ Android Studio, Xcode or Visual Studio

◉ Unity Editor

Cancel   Download

⊙图6-3-18　导出Image Target自定义项目

Step 5：接着把下载好的文件拖入Unity的Project中导入，可以看到导入的文件中有两张图片的名字，以及图片库的名字（图6-3-19）。

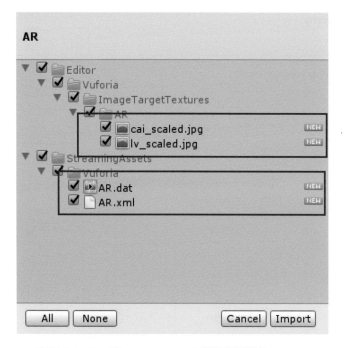

⊙图6-3-19　将Image Target自定义项目导入Unity

导入后，选择Image Target，来到Inspector面板，其下有Image Target Behaviour组件，在它下面有三个选项，分别是Type、Database、Image Target。

Type一般选默认即可。Database是图片库，在这里可以选择导入的图片库的名称。选择名称为"AR"的图片库后，下方的Image Target也同样会发生变化，Image Target中的选项也会有所变化，此时"AR"图片库中会出现两张图片的名字，Image Target的图片会更换为"cai"，可以看到场景中的平面也变成在Vuforia官网上传的图片了（图6-3-20）。

△图6-3-20　使用自定义Image Target图片

到这一步还不算完，需要到AR Camera中再进行设置，依然点击AR Camera，打开Vuforia Configuration，来到之前输入密钥的地方，此处有几个关键的选项。

● Max Simultaneous Tracked Images：图片识别的最大数量；

● Max Simultaneous Tracked Objects：物体识别的最大数量。

如果需要在一个摄像机中识别多张图片或者物体，就需要设置这两个选项的数量。

Databases下有各种Load XXX Database和Activate格式的名字，每个后面都可以打勾，给Load AR Database打上勾后，勾选在其下出现的Activate按钮，这样在程序开始后识别图片时才能成功激活挂载在Image Target下的物体（图6-3-21）。

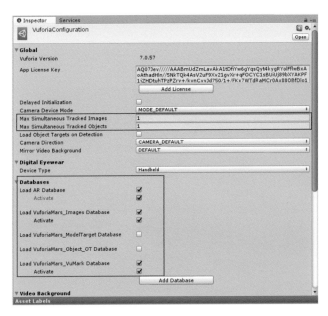

△图6-3-21　自定义Image Target图片的AR摄像机设置

再次播放Unity，可以看到自己上传的图片识别成功了（图6-3-22）。至此，使用Vuforia SDK实现AR自定义图片扫描的基本功能就完成了。

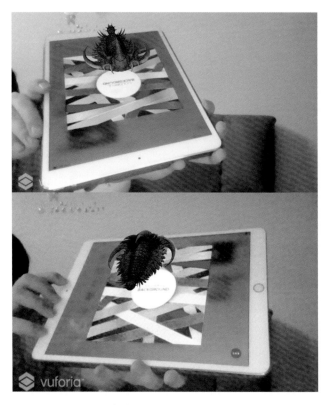

⬥ 图 6-3-22　自定义 Image Target 图片运行识别成功

介绍过AR的基础制作后，接着将介绍一个完整的AR案例——远古生物AR。因为制作一个完整的AR是一个庞大的工程，下面对于远古生物AR更多的是制作过程的介绍和出现问题的分析。

首先介绍一下远古生物AR这个App。这是基于Unity制作开发，发布运行于安卓系统的App，主要功能是使用App扫描特定物体时，最终呈现的AR作品会展示相应的动画，同时与实物进行交互（图6-3-23）。

⬥ 图 6-3-23　远古生物 App 扫描效果

远古生物AR在制作初期，最先由制作人提出想法，由美术设计人员进行创想设计后，以在制作好的展示品上扫描AR为最终目的来进行开发。远古生物，顾名思义是用古代的生物来进行展示，在美术创意中结合了金属制品以及各种木制道具，以展示出远古自然与现代自然的美感（图6-3-24）。

⬡图6-3-24 远古生物展示用物件

在设计过程中，制作出了好几套实体成品，都将用于实现AR扫描。在Unity中的制作，流程就如基础制作中所展示的那样，把制作好的模型和特效对应于需要扫描的物体即可。不过远古生物AR一开始的制作使用到了3D实物扫描，这需要到Vuforia官网下载一个扫描用的App（图6-3-25）。

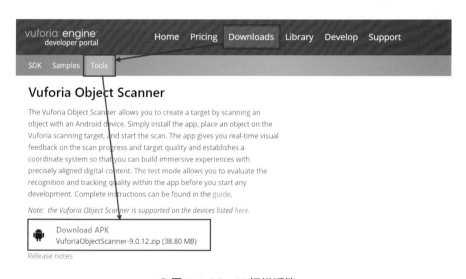

⬡图6-3-25 3D扫描插件

这个App只有在安卓系统中可以使用，使用这个软件扫描物体后生成的文件需要和之前上传图片一样，上传到官网再下载到Unity里就可以使用。不过，3D实物扫描的限制太大，比如扫描的物体不能太大、太光滑，扫描的物体受光照不同也会有不同程度的影响等，最初制作的效果可能会出现一定的崩坏现象，导致效果不佳，因此远古生物AR最终还是选择通过平面扫描呈现作品，虽然在进行AR扫描的自由度上不如3D实物进行扫描，只能在物体的正前方进行扫描，但是在稳定性上要好很多（图6-3-26）。

⬢ 图6-3-26　远古生物AR物件的平面扫描

前文在Unity的AR基础制作中只讲解了制作的部分，在最终导出成安卓系统可用的App时，还需要配置安卓的开发环境，过程涉及程序代码等开发的相关知识，本书不作详解。最终制作的成品App，可上传到各种下载平台（如蒲公英App等），生成二维码来供人下载、使用。

这里总结一下远古生物AR从开始到结束的制作流程：从设计出需要展示的实物，到制作出展示的实物，然后设计扫描出现的效果，以及制作模型特效，再到Vuforia的3D扫描以及平面扫描的尝试，及其与实物的结合，最终发布为App，安装到手机上即以进行AR的扫描观赏。在Unity中制作的操作并不复杂，本章前两节也讲解了特效的制作，Vuforia SDK算是很便利的插件了；虽然3D实物扫描的技术还不是很成熟，也可转用平面扫描解决；在遇到平面扫描出问题时，还可以增加扫描图片的颜色对比来解决。问题虽然还很多，但现在各类AR的插件都在不断更新，AR的制作也会变得越来越简单便利。

6.3.3　AR交互特效制作的注意事项及AR交互产品特点

（1）AR交互特效制作的注意事项

通过前几节对交互特效制作方法的介绍，可以看得出以上几种AR交互特效的建构思路十分相似，但是制作过程中有一些细节需要注意：

① 对于特效的大小在AR制作的同时就要调整，否则在扫描时会影响特效的显示；

② 一个完整的特效是由多个粒子组合而成的。前文在介绍特效制作时，为了方便观看而使用了一个空粒子作为总挂点，但如果把整个特效直接放到Image Target下，扫描时只会出现这个作为总挂点的粒子，并不会播放其下作为子级的粒子，所以在制作特效时，所有粒子都要放在Image Target的下一级，扫描时才会显示；

③ AR在扫描时，如果特效是循环播放模式，那么扫描结果也依然如此，如果特效是一次性播放模式，则需要使用脚本让特效实现反复播放，从而实现扫描识别物时出现反复呈现的效果。

（2）AR交互产品特点

随着AR交互技术的成熟，AR越来越多地应用于游戏、教育、培训、医疗、设计、广告等各个行业。其中，AR交互游戏的特点较为显著，我们以此来总结一下AR产品的主要特点。

① 虚实结合：AR技术是通过计算机将处理过的信息与其他信息合成到用户可见的现实世界的一门技术。AR游戏为传统游戏增加了与现实场景结合的虚拟景象，使游戏不再局限于显示器，而将游戏界面叠映于现实对象中，这样便使游戏的可操作性和互动性大大增强。用户只需要通过眼睛凝视或者手势指点等简单的身体动作，便可以实现对游戏的操作。

② 实时交互：要达到一定的游戏体验，就要使游戏具备实时交互性。AR游戏需要玩家进行必要的动作来完成游戏操作，游戏镜头不会固定于某个单一的画面或镜头，因此，在用户进行某种动作时，要求AR系统能及时地回应用户的动作，获取正确的请求并将正确的结果反馈给用户，这样才能保证用户的游戏体验。AR交互游戏通过将虚拟世界和真实世界实时同步，使得游戏本身的游戏性与趣味性大大增强，用户也因此获得了更好的互动体验。

参考文献

[1] 刘津，李月. 破茧成蝶：用户体验设计师的成长之路. 北京：人民邮电出版社，2014.

[2] 杰米·司迪恩，国际经典设计教程：交互设计. 孔祥富，王海洋，译. 北京：电子工业出版社，2015.

[3] 盖文·艾林伍德，彼得·比尔. 国际经典交互设计教程：用户体验设计. 孔祥富，路融雪，译. 北京：电子工业出版社，2015.

[4] 大卫·伍德. 国际经典交互设计教程：界面设计. 孔祥富，译. 北京：电子工业出版社，2015.

[5] 顾振宇. 交互设计：原理与方法. 北京：清华大学出版社，2016.

[6] 贾尔斯·科尔伯恩. 简约至上：交互式设计四策略（第2版）. 李松峰，译. 北京：人民邮电出版社，2018.